家居空间设计与施工细节系列

顶棚设计与施工

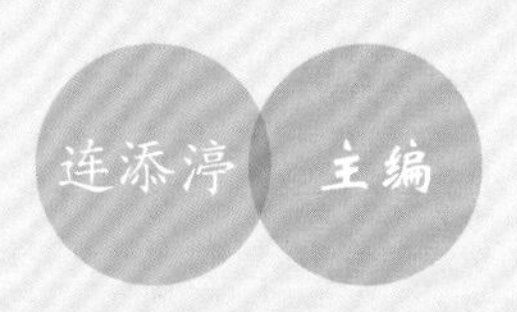
连添淳 主编

机械工业出版社
CHINA MACHINE PRESS

顶棚是界定空间的三界面之一，作为室内设计的重要部分，顶棚对建筑内部空间的塑造和空间精神品质的提升具有至关重要的作用。本书分为五个部分，主要介绍了顶棚设计要点，顶棚的各种材质、不同空间类型顶棚的设计与施工，还有消费者在装修过程中容易忽视的盲点等。本书着重从细节处入手，以图文结合的形式，让读者在一本书里就能获得全方位的装修知识，具有很强的参考价值。

图书在版编目（CIP）数据

顶棚设计与施工 / 连添渟主编 .—2 版 .—北京：机械工业出版社，2016.9
（家居空间设计与施工细节系列）

ISBN 978-7-111-54503-3

Ⅰ.①顶… Ⅱ.①连… Ⅲ.①住宅－顶棚－室内装饰设计 Ⅳ.① TU241

中国版本图书馆 CIP 数据核字（2016）第 183788 号

机械工业出版社（北京市百万庄大街 22 号 邮政编码 100037）
策划编辑：闫云霞 责任编辑：闫云霞
责任校对：黄兴伟 樊钟英 封面设计：鞠 杨
责任印制：常天培
北京华联印刷有限公司印刷
2016 年 11 月第 2 版第 1 次印刷
185mm×240mm·9.25 印张·169 千字
标准书号：ISBN 978-7-111-54503-3
定价：45.00元

编写人员

主编：

连添渟

参编人员：

白雅君 苏志全

张付萌 马艳霞

谷 雪 张期全

袁心蕊 席守煜

范小波 杨亚珂

前言

对于追求家居生活完美的人们来说，好的创意空间永远有无限发挥的可能。而创意使家居生活更加有品质，对生活有更高要求的人自然不会错过让家变得更温馨更时尚的好创意。

本书针对有代表性的顶棚设计进行细节造型、施工详解及材料标注，使人们不仅能够了解到顶棚设计的理念和要求，还能掌握顶棚施工的工艺流程，了解工艺环节及施工中的注意事项，将可能遇到的问题提前解决。通过参考大量的施工工艺，体验不同的家装设计，使读者更深入地了解众多材料搭配，设计出符合自己喜好的家居空间。

目录

第四章　回答你的顶棚施工常见问题 / 85

第五章　设计师为您图解优秀顶棚设计案例 / 125

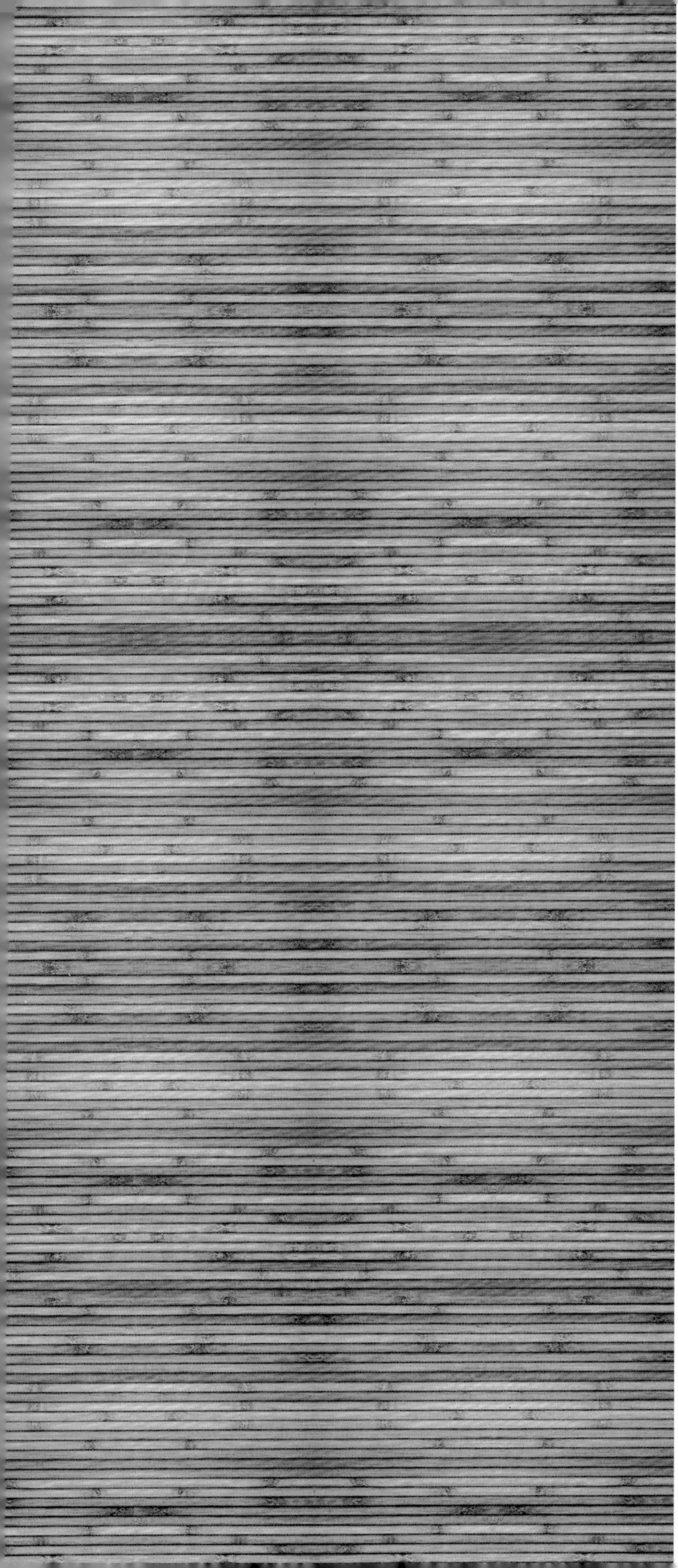

第一章

让你轻松掌握顶棚设计

01 为什么要设计顶棚?

顶棚：指室内空间上部的装修层（又名天花板、吊顶）或结构层。

天棚：多指室外遮风蔽日的帐篷，也可指室内的（同顶棚）。

天花板：中国古代建筑的室内木构顶棚，古时又称平机或承尘。

藻井：天花板中的重点部位，一般用于殿堂明间、帝王御座之上等高等级位置。

（天棚）

（天花板）

（藻井）

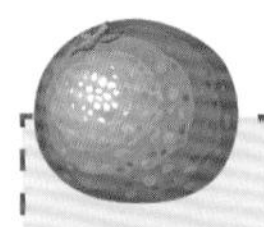

二、室内顶棚的功能

顶棚具有改善室内环境、整合室内空间、隐蔽室内顶部建筑构件及管线设备以及提高室内装饰效果的功能，大体可归纳为完善建筑物的使用和美化建筑物环境两大功能。

1. 改善室内环境

顶棚的装饰能够改善室内的光环境、热环境和声环境，顶棚的高低、形状、颜色、质地以及顶部光照效果，均会改变人们室内空间的心理和生理感受。根据不同用途，对室内空间的顶部进行适当地装饰处理，可以满足人们在声响、照明、保温、通风和美化等方面的室内环境需求。

2. 整合室内空间

顶棚具有整合室内空间的作用。通常情况下，建筑结构构件所围合形成的建筑空间，从使用功能和美学角度审视并不理想，尤其是在安装了建筑设备、设施之后，往往需要借助顶棚的装饰对室内的空间进行重新规划和整合。

3. 隐蔽室内顶部建筑构件及管线

随着现代建筑功能的不断增加和完善，建筑室内顶部会安装各种建筑设备设施，如照明灯具管线、暖通设施管道、通信、消防、智能化设备等。这些因素无不影响室内顶部界面的完整和美化，因此，需要对这些因素进行遮挡和隐蔽。

4. 提高室内装饰效果

在室内空间界面中，顶棚的面积较大，其装饰效果对室内艺术环境的影响非常关键，恰当的艺术处理和装饰手段，会改善人们的视觉感受，有助于提升室内整体装饰效果。

家装小贴士：

前期没设计，就装不了中央空调

中央空调是由一个主机托起多个风口，每个房间都有风口，并且能独立制冷制热，一般用于 200m² 以上的房屋中。中央空调不仅价格高，而且更费电，但舒适度却是普通空调不能比的。

中央空调的服务不仅包括售后服务，还包括售前的咨询、方案设计、安装施工。中央空调是否能有效发挥作用，30% 在于前期设计是否合理，20% 在于空调机组的质量好坏，50% 在于安装是否合理。

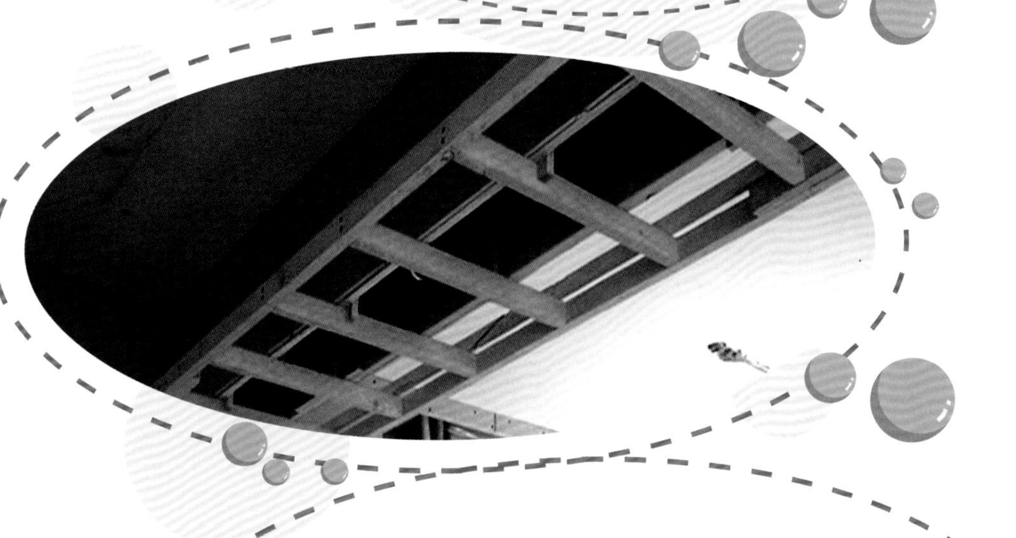

设计安装必须在装修前进行。主机可以藏在顶棚或壁橱内，在房内看不到主机。对于大型建筑，甚至应该在建筑过程中就完成安装，否则会对后期装修造成影响。安装时，要先把室内机的位置和风管走向确定下来。室内机一般安装在过道外的局部吊顶内，风管可采用局部吊顶的方法隐蔽起来，然后把外露的出风口、进风口的大小和位置定下来。

02 顶棚有哪些类型？

顶棚有很多类型，可根据顶棚的安装方式、顶棚的装饰面层材料、顶棚的外观形式、顶棚的功能作用以及顶棚的承载能力等方面进行分类。

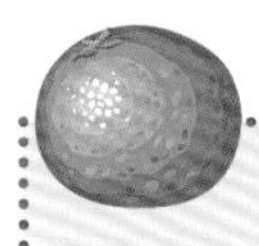

一、按构造方式分

1. 直接式顶棚

直接式顶棚是直接在屋面板或楼板结构底面做装饰面材料的顶棚。它具有构造简单、构造层厚度小、施工方便、可取得较高的室内净空以及造价低等特点，但由于没有隐蔽管线及设备的内部空间，故多用于普通建筑或空间高度受到限制的房间。

2. 悬挂式顶棚

悬吊式顶棚俗称吊顶，是指装饰面悬吊于屋面板或楼板下并与屋面板或楼板留有一定距离的顶棚。悬吊式顶棚可结合灯具、通风口、音响、喷淋、消防设施等进行整体设计，形成变化丰富的立体造型，以改善室内环境，满足不同使用功能的要求。

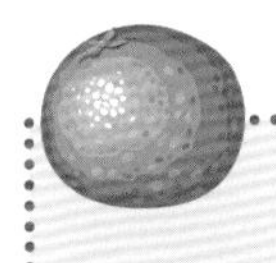

二、按装饰材料分

1. 抹灰顶棚

抹灰顶棚属直接式顶棚类型，通常是在建筑室内顶部构件上直接抹灰，一般是在灰板条、钢板网上抹掺有纸筋、麻刀、石棉或人造纤维的灰浆。顶棚抹灰劳动量大，易出现龟裂，甚至成块破损脱落，适用于小面积顶棚。

2. 木饰面顶棚

木饰面顶棚是采用实木或木质人造饰面板材，通过直接式或悬吊式的安装方式对顶棚表面进行装饰。木饰面顶棚的装饰效果高档、豪华，但造价较高。

3. 石膏板顶棚

石膏板顶棚是采用建筑石膏制作的板材，石膏板的种类一般有装饰石膏板和纸面石膏板，通过钉、粘、挂等对顶棚表面进行装饰。

4. 金属板顶棚

金属板顶棚是采用表面进行了装饰处理的薄型金属板材（铝合金、不锈钢、轧钢型材等），通过卡扣、挂接等安装方式对顶棚表面进行装饰。

5. 塑料扣板顶棚

塑料扣板顶棚是采用方形、条形等塑料板材，通过卡扣的安装方式对顶棚表面进行装饰。

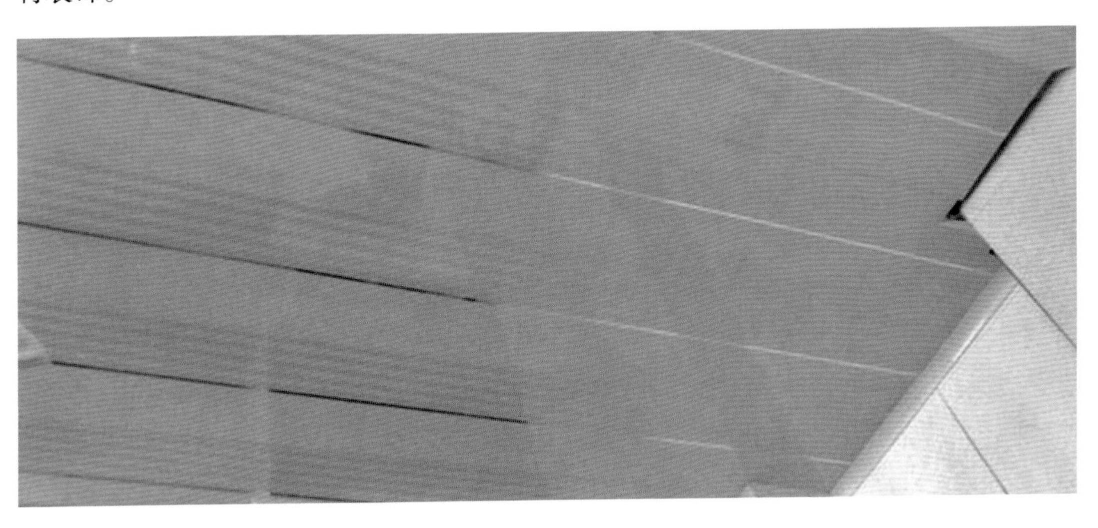

6. 装饰玻璃顶棚

装饰玻璃顶棚的饰面材料通常采用喷砂玻璃板、烤漆玻璃板、有机玻璃板等。室内玻璃板顶棚通常是在吊顶内部安装灯管，形成发光天棚。

03 顶棚设计有哪些要求?

虽然顶棚不会与人直接接触，却会对人的心理产生影响。顶棚的选材、色彩及造型对室内风格、效果有很大影响。高顶棚会给人开阔、庄严的感觉，同时会使空间平面尺度区域缩小心理上的疏离感；低顶棚则会突出其掩蔽、保护的作用，建立一种亲切、温暖的氛围，但过低的顶棚也会使人产生沉闷、压抑的感觉，并会影响室内空气质量。

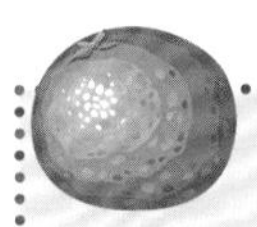

一、顶棚设计的原则

1. 注意顶棚造型的轻快感

轻快感是一般室内顶棚装饰设计的基本要求。上轻下重是室内空间构图稳定感的基础，所以顶棚的形式、色彩、质地、明暗等处理都应充分考虑此原则。

2. 满足结构和安全要求

顶棚的装饰设计应保证装饰部分结构与构造处理的合理性和可靠性，以确保使用的安全，避免意外事故的发生。

3. 满足设备布置的要求

顶棚上部各种设备布置集中，特别是高等级、大空间的顶棚，通风空调、消防系统、强弱电等设施错综复杂，设计中必须综合考虑妥善处理。同时还应协调通风口、烟感器、自动喷淋器、扬声器等与顶棚面的关系。

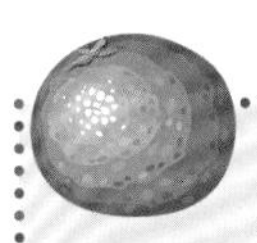

二、顶棚设计注意事项

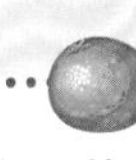

1. 如果是个人长期居住，建议选择环保产品。比如，装修材料要注意甲醛、苯、氨、氡和 VOCs（volatile organic compounds 挥发性有机物）的含量，尽量不要选用花岗石等石材。

2. 顶棚设计要注意选择防潮面层，在装修过程中要注意对原防水层的保护，灯具要有防水措施。

3. 厨房顶棚材料须选用 A 级不燃材料。

4. 客厅和卧室顶棚颜色以浅色调为宜。

（A 级防火保温材料）

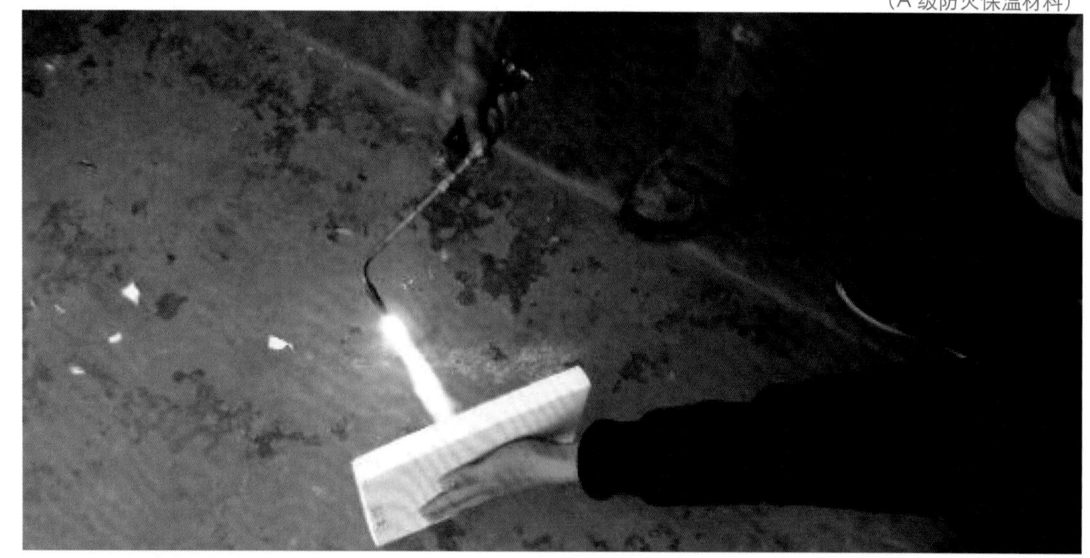

家装小贴士：

有关装修面积的概念

建筑面积：它是整个房屋（包括外墙在内）的总面积。

使用面积：简单说就是人可以在屋内自由使用的面积，它等于建筑面积减去内墙、外墙、柱子占用的面积。

套内面积：它等于使用面积加房屋内墙占用面积。

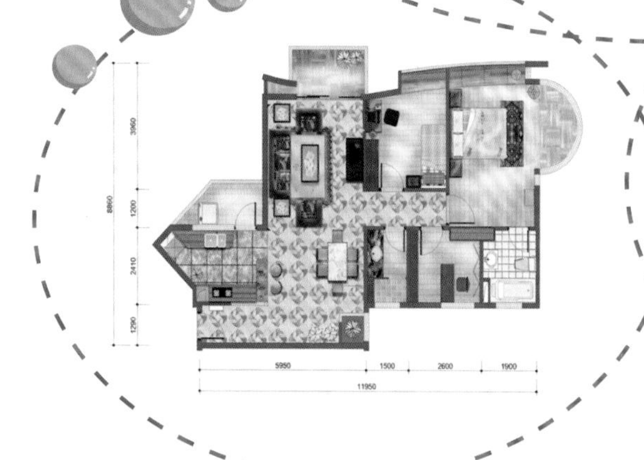

装修人员在计算面积的时候，说的大都是“套内面积”。它一般为建筑面积的 80% ~ 90%。

04 顶棚照明一定要设计好

有关资料表明：在正常人每天接受的外界信息中，超过 80% 的信息是通过人体的视觉器官接收的。而人们几乎每天都要在人造光环境中停留相当长的时间，为视觉感官创造一个舒适的光环境是对照明设计的基本要求。

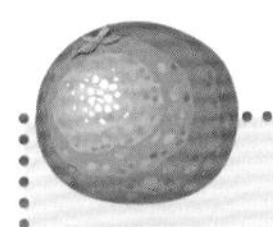

一、最佳顶棚亮度

1. 顶棚的最佳亮度主要由顶棚灯具表面的亮度决定。

2. 顶棚的亮度还取决于顶棚的高度。

3. 增加顶棚亮度可选用向上照明的灯具。在顶部灯具是完全嵌入式时，顶棚如单纯依靠地面的反射光照亮，就很难达到理想的亮度。

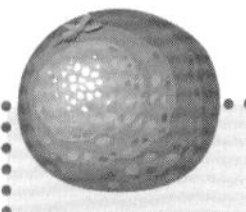

二、灯具的选择

在照明艺术中，灯具的选择是非常重要的一项工作，选择什么样的灯具需要根据空间情况和室内设计风格而定。

1. 吊灯

吊灯是指以吊杆、装饰链等连接物将光源固定于顶棚上的悬挂式照明灯具。需要注意的是较矮的室内空间不适合选用吊灯，选用吊灯会使空间显得更矮。

2. 吸顶灯

吸顶灯是指将照明灯具直接吸附固定在顶棚上的灯具。吊灯用于较高的空间中，吸顶灯多用于较低的空间中。灯体较长的吸顶灯也可以用于较高的空间中。

3. 嵌入式灯具

嵌入式灯具主要是指灯身嵌入到顶棚内，灯口与天花板基本持平的隐藏式灯具。如筒灯、射灯、格栅灯等。

（1）筒灯

根据设计效果需要，筒灯也有半嵌入天花板或安装于天花板表面的安装形式。灯具形状主要有圆形和方形两种，光源的配置有节能管、卤素灯、白炽灯等。

（2）射灯

射灯有普通天花板射灯、吸顶射灯、轨道射灯、格栅射灯等类型。普通天花板射灯、格栅射灯多嵌入式安装在天花板或柜体内部，吸顶射灯、轨道射灯多直接安装在天花板或墙体上。

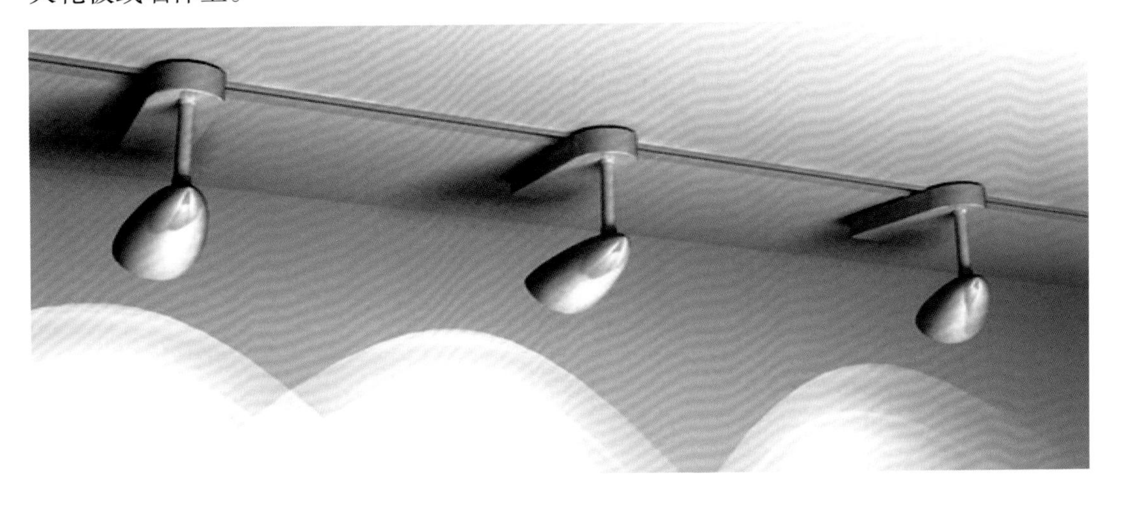

（3）格栅灯

格栅灯与筒灯一样，也属于嵌入式灯具，多用于照度较高的一般照明。格栅灯多为 600 × 600（mm）、1200 × 600（mm）、1200 × 400（mm）等规格，灯具底面有不锈钢或铝制发光罩，表面配有不锈钢或铝制格栅罩，主要用荧光灯作为光源使用。

4. 发光顶棚

吊顶全部或部分采用乳白色玻璃、磨砂玻璃、喷漆玻璃、光学格栅等透光材料做造型，内部均匀设置日光灯光源的发光顶棚通常称为发光顶棚。

发光顶棚具有发光面积大，照度均匀，能使空间开阔、敞亮的特点。经常用在商业卖场、酒店、餐饮娱乐等公共空间。

发光顶棚同样的构造形式也可用于墙面和地面。不同的是发光地面要求材料更具有坚固性，如用钢结构做骨架，用钢化玻璃做透光材料。

5. 发光灯带

发光灯带是一种利用建筑结构或室内装修结构对光源进行遮挡，使光投向上方或侧方的照明形式。其照明一般不能作为主照明使用，多作为装饰或辅助光源，可以增加空间层次感。

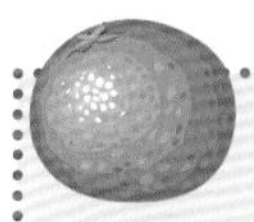

三、吊灯如何选购

1. 房间高度

在选购灯具之前，首先应该测量一下安装位置装修后的室内净高度，如果净高度低于 2.6m 则不建议选择吊灯。因为吊灯通常需要下垂 40cm 以上才有较好的效果，在室内高度较低的情况下安装吊灯不但无法起到良好的装饰效果，而且还会令室内空间显得低矮压抑，这是一种十分得不偿失的做法。

2. 灯具风格

在室内高度适合选装吊灯的情况下，选购灯具时还需要注意吊灯的设计、造型、色彩风格与室内装修风格相协调，这也是选购吊灯时必须注意的问题之一。通常奢华、繁复的装修风格适用于造型复杂、色彩艳丽的吊灯；而简约式装修风格更加适合造型简单、色彩纯净的吊灯。

3. 灯头数量

在选购吊灯时，需要根据照明面积、需达到的照明要求等几个方面来选择适合的灯头数量。通常，灯头数量较多的吊灯适合为大面积空间提供装饰和照明；而灯头数量较少的吊灯适合为小面积空间提供装饰与照明。因此，我们应该本着需要的原则来选择灯头数量。

常用光源及其报价

常用光源		参考报价
白炽灯	除了用在一般照明之外，还可以用于泛光照明和装饰照明。特点是体积小、亮度高、价格低	几元到几十元 / 个
卤素灯	照明常用光源，性能更为优越的白炽灯。价格高，但是使用寿命比较长，还能为节能做贡献	几元 / 个
低压灯带	把 1W 左右的灯泡连接起来，间距为几厘米，这是带状装饰照明常用的光源	十几元 /m
荧光灯	低压汞蒸气放电激发荧光粉发光。荧光灯最大的特点就是发光率高、寿命长、经济性能好，但是体积较大，在工作时需要使用镇流器	十几元 / 个
氙气灯	氙气灯一般是高压汞灯和高压钠灯的总称，此类灯具有较高的能量密度和光照强度，但一般价格比较昂贵	几百元 / 个

05 旧房改造中的顶棚应如何设计

在二次装修中，一般都要拆除原来的天花板吊顶装饰，例如：灯池、造型吊顶、石膏线、挂镜线、格栅以及厨房和卫生间的塑料扣板和铝扣板吊顶等。在装修设计时，一般建议拆除原吊顶。主要原因是原有吊顶造型和所体现的风格与表面装饰材料已经过时；另外材料老化，已经不可能再在原有吊顶的基础上继续进行改造和施工。因此，从安全和材料使用寿命上考虑拆除是必需的。

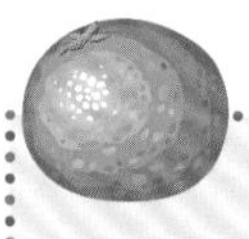

一、拆除旧顶棚时的注意事项

1. 原有吊顶装饰物拆除时，应注意尽量拆除干净，不保留原吊顶装饰结构。尤其是原吊顶内的吊杆、挂件等承载吊顶重量的结构必须拆除，这主要是从安全方面考虑的。

2. 拆除时要先切断电源，原有的吊顶内电路管线尽量拆除，不要再考虑继续使用，因为原吊顶内电路已经基本没有利用价值。

3. 拆除时要考虑原吊顶内的设备和设施的安全，很多20世纪的老房吊顶内都有暖气管路，还有一些住宅是中央空调系统，要避免因拆除时不注意而损坏管线和设备。

4. 厨房和卫生间拆除原吊顶时要避免损坏通风道和烟道。

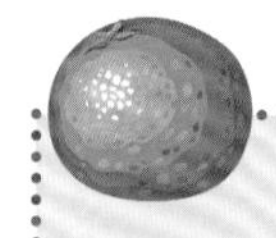

二、旧房改造中的顶棚设计原则

1. 优先考虑安全性

和新房不太相同的是，二次改造房屋的设计应优先考虑顶棚的安全性。尤其是一些使用年限已达十五年以上的老房，其原建筑结构已经开始老化，再加上原有顶棚施工时由于吊挂结构要求，对顶面打了很多孔，使局部的承载能力下降。

2. 注意对室内光源的影响

多层次、多功能的照明是丰富顶棚装饰艺术和方便生活的重要内容。顶棚的高度要适中，它会改变室内的自然采光，对墙面装饰尤其是今后的软装饰产生影响。

3. 重视顶棚和地面的呼应关系

一般生活功能的区分是以地面来划分的，地面功能和吊顶不对称时，会影响以后家具和其他陈设的摆放，严重时会对今后生活功能的实现造成影响。

家装小贴士：

图解顶棚灯具拆卸

以厨房集成吊顶为例，吊顶灯具拆卸操作如下图所示：

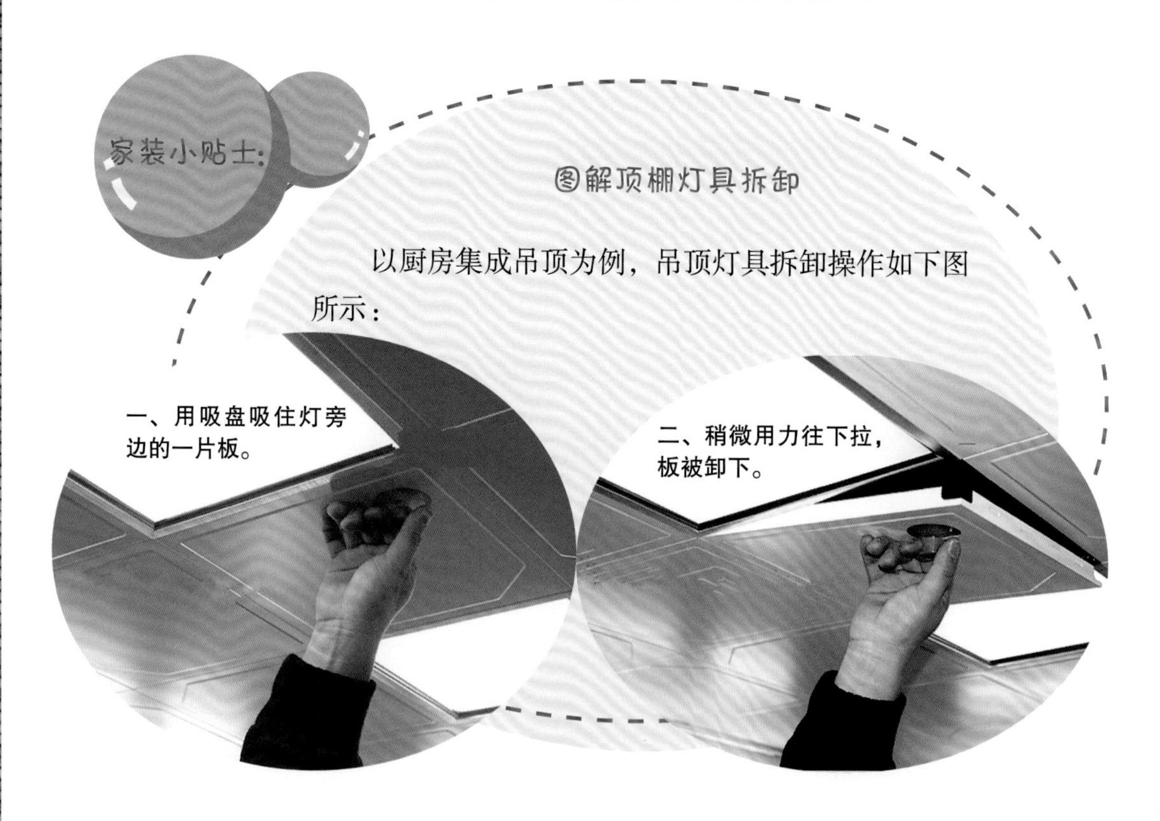

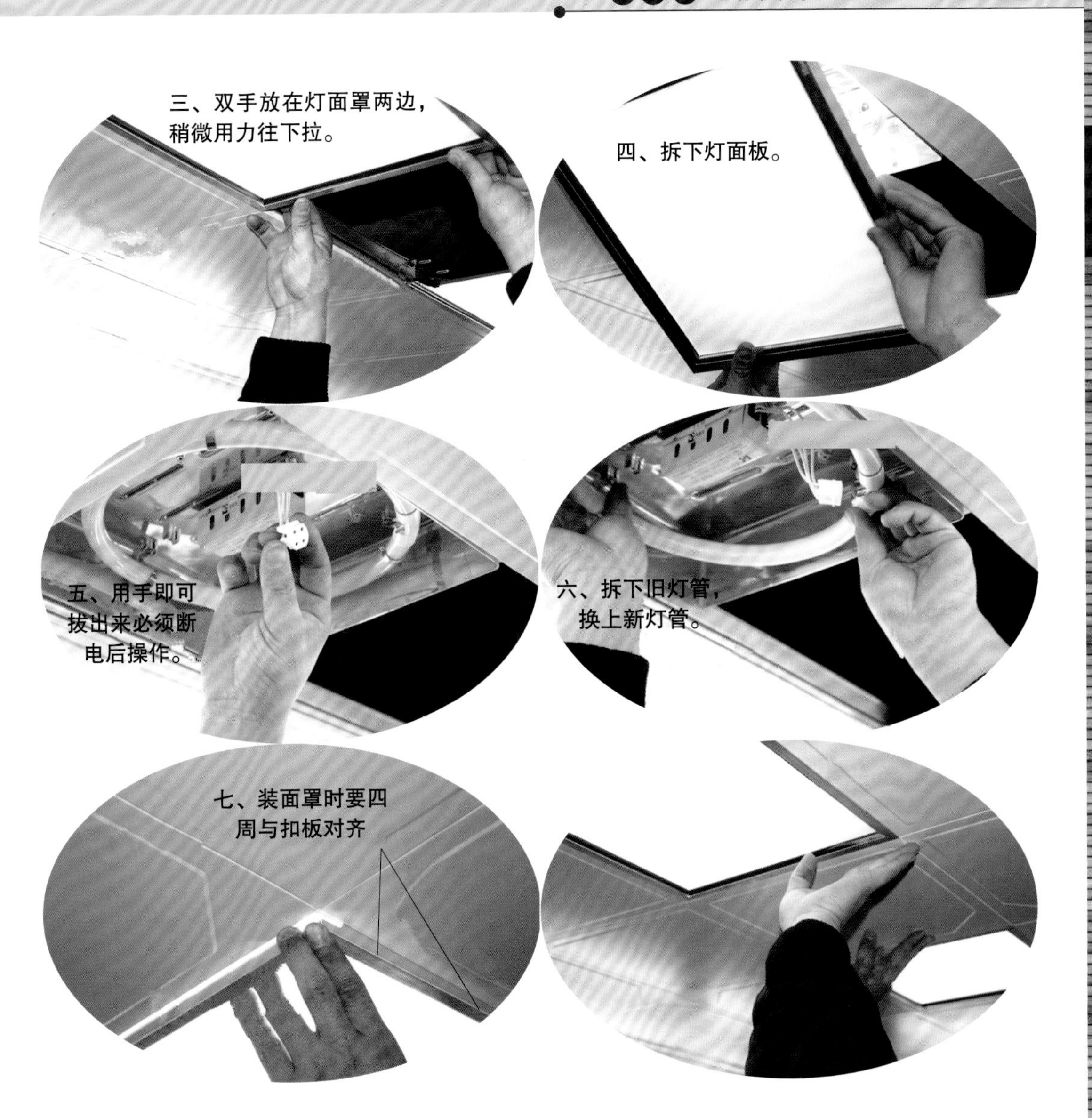

装修中常用的计量单位

单位	换算单位	运用于
延米	1 延米 = 米	宽度固定的情况下，所测量的长度
寸	1 寸 =30.3 厘米 × 30.3 厘米	木工工程、橱柜的油漆、铝窗
平	1 平 =1 平方米，简称“平”	地板、墙面建材
尺	1 尺 =33.3 厘米	木工工程、玻璃工程
码	1 码 =91.4 厘米	窗帘、家饰布料
式	模糊的计算方式	难以估计，无须估计单位的物品

06 巧妙避免顶棚设计误区

由于业主缺乏必要的家庭装修知识，因此在家装中存在一些观念上的误区。

误区一：材料的趋同与选材昂贵之风

目前我国室内设计行业的抄袭之风还是较为严重的，从顶棚设计材料来看，几乎是石膏线、石膏板、铝塑板来回转。由于受盲目追求豪华的心态驱使，设计者往往都选用昂贵的装饰材料。但等入住后会发现，过于豪华的装饰会使环境气氛显得很热闹，心情似乎很难安静下来。

专业建议

家居装修实际上满足的是我们的两种基本需求：一是实用。通过空间的合理规划，布局的井然有序，使居住环境出现简洁明快的效果，住在这样的环境里自然感觉很舒服。二是满足我们的审美期待。通俗地讲，就是在住的舒服之后，我们还希望家居空间能成为我们怡情养性的背景，于是进一步期待家居环境是美的。

当然，各花入各眼，美没有统一标准。家居的豪华与简洁都可以产生不同的美。但有一个基本的美学原则是不变的，即美是在对比中产生的。

好与坏都是相对的，好的东西要有烘托才可能显出它的价值。将所有的好东西都放在家里就会出现堆砌感。通常好的家居环境表现在整体氛围的和谐与融洽上。我们往往有这样的体验，几样好东西一起出现时，反而不感觉它好了，就是没有融合成整体，出现比对、落差的感受。

所以真正的豪华是通过对比、烘托的手法展现整体效果上的豪华，而不是细节上堆砌的豪华。

误区二：忽视细部设计

优秀的室内设计绝不能缺少细部设计，因为精美的艺术效果常常取决于对细微形式的印象。一个设计无论是多么的大手笔，多么的意境深远，但如果缺少了细部设计就会让人有敷衍了事、禁不起推敲之感，会大大抹杀设计的效果。

专业建议

其实细部设计通常不会受建筑结构、地形条件的限制，是可以由设计师尽情发挥的。通过对细部的精心设计，重视细部的推敲和研究，才会使顶棚设计更加完美。

误区三：盲目降低空间高度

这种误区就是为追求所谓的独特造型而压低宝贵的空间高度，或为隐藏顶部的部分设备而大面积降低顶棚空间高度。

如右图所示，设计者设计顶棚的初衷是好的，即想通过顶棚的夸张造型包括造型上的竖线条吸引人、引导人，但该顶棚的设计却犯了只顾造型，不看空间的大忌，让本来就显低矮的空间变得透不过气来，视觉感受十分压抑。

专业建议

对于空间高度明显不足的室内来说，力争赢得空间高度要远比塑造空间其他品质重要得多。比较明智的做法应该是以本来已经明显偏低的梁下为最低点，在梁与梁之间的空间内做造型，仍可保持原设计“具有导向作用”的构思不变，但要尽量简化形体，避免造成压抑感。这样一来，相同的空间，相同的梁架，给人的感受却完全不同，空间变得开阔、舒展了。

误区四：忽视顶棚设备

这种误区是由于忽视顶部众多设备的存在，而造成的对顶棚整体效果的严重破坏。下图室内装修从选材到工艺都是很讲究的，但顶部的设计却存在着一个严重的问题，就是设计顶棚时忽略了设备的存在。一个硕大的空调把原本一个很有装饰特点的顶棚给干扰了。

专业建议

如果能提前对设备安置进行考虑，例如设计好空调送风方向，预先在顶棚造型边缘预留出风口位置（明露或暗藏），就可在不影响整体效果的前提下有的放矢地进行设计了。也有的设计尽管出风口是明露的，但由于事先的周全考虑，将出风口巧妙地设计成与顶棚设计思路相呼应的某种造型，就更有利于顶棚整体艺术形象地处理了。

误区五：造型元素过多

右图卧室中的顶棚设计，给人的第一视觉感受就是设计元素过多。从顶棚的造型到材质与灯光的处理都略显混乱。这样的顶棚设计令人感到自身的整体性不强，与空间的协调性也不够。如果能够设计得稍微隐晦一些，含蓄一些，形与色尽量统一些，则可能会收到不错的效果。

专业建议

尽量简化设计元素，大面积地统一形与色，可局部加强对比，以突出重点。

家装小贴士：

激光测距仪——设计师的常用工具

设计师用它可迅速量出两点间的距离，但有时也会失效，还得手动测量。

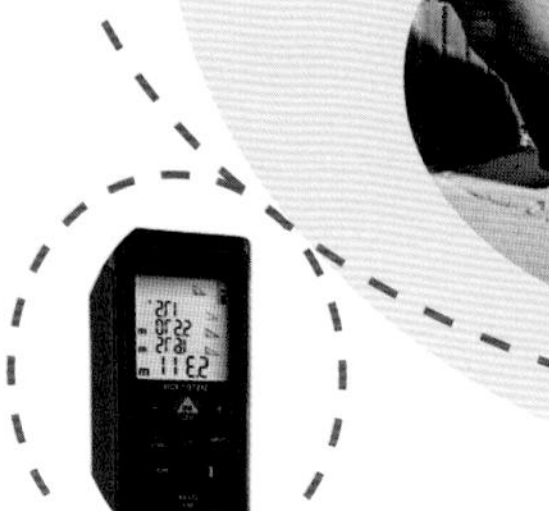

07 不同户型顶棚设计有不同

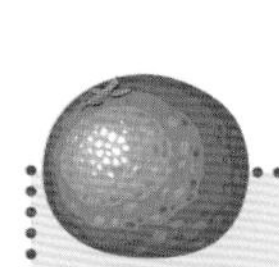

一、小户型顶棚设计

对于小户型的客厅设计，顶棚部分尤为重要，好的吊顶设计不仅能美化空间，更能改善小户型的空间感，让人觉得小客厅还是可以大气的。不过小户型依然有小户型的烦恼，本来巴掌大的面积，想整出点层次确实不简单。面积窄小，采光度差，横梁又多，有没有办法运用设计手法，营造高挑的空间感呢？其实可以从以下几个方面进行改进。

1. 顶棚照明

一般来说，现在承建商留出天花板的高度是280cm甚至更低，如果是小户型的话，空间是会显得比较压抑，如果不是那么强调用嵌灯的话，可以改用吸顶灯或半吸顶灯。这样既可以有小空间的视觉焦点，又可以维持到天花板的高度。

如果担心光源不够的话，可以在周边做一些间接照明的层板，除了做直之外，还可以做成圆弧形，中间的部分又可以维持原先的高度，从而做到有层次而不减高度。

2. 横梁问题

横梁问题是原本就存在不可削除的问题，如果横梁又宽又深而且位置突出，那么为了客厅整体的美观，会顺着横梁做一边的封顶。但对于面积较小的小户型来说，比封顶更好的做法就是虚化。

第一，如果横梁又宽又高，不妨在横梁周边做一些渐进式的层次，弱化横梁更多的是把它看成是一个独特的造型。

第二，如果横梁的跨度太大，做造型动工太大，那么也可以考虑一下隐藏法，并不是全封顶，而是用层板压梁，配合间接灯光，就可以轻而易举的虚化隐藏住横梁。

3. 间隔功能

很多小户型的屋内格局是比较开放的，比如，客餐厅之间没有做一个间隔，碍于面积的尴尬又不好摆放设计家具，这个时候可以在顶棚上做出间隔效果。总之，可以对两个不同区间的顶棚进行设计，可以是方形和圆形的搭配，或者是一高一低不一样的层次，总之，手法多变，创意无限，间隔层次自己创造。

4. 围边石膏线，营造假吊顶

如果室内的顶梁不多甚至很少，白花花的吊顶确实过于单调，那么小户型可以学习下图的设计方法，在顶棚用石膏做成几何（现代简约风格）、花鸟虫鱼图案（乡村田园风），这样既没有浪费楼层高度，同时又赋予顶棚多层次的效果。

5. 采光差，有空调机位

客厅采光不良，再加上安装空调机位的原因，收纳的最佳地方就是天花板的吊顶。与此同时，小户型的视觉层次感还是很值得去营造的，可以采用下图的解决方法。

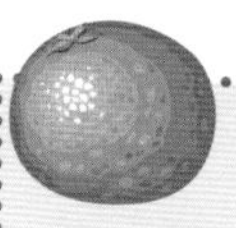

二、大户型顶棚设计

1. 室内楼层较低，户型又方方正正

楼层较低，不适宜在天花板顶部做实体的吊顶，只不过白花花的天花板显得确实头轻脚重了，这时候，可以利用石膏线做出层次感。

（1）网格状石膏线

长方形的客厅，如果运用的是多层次的吊顶设计，这么长的客厅，动工会比较大，加上楼层较低，会显得很压抑。网格状的石膏线，突出层次的同时又不压抑，是个不错的选择。

（2）蜂巢状石膏线

客厅的天花板比较干净，半面很有线条感的墙作为隔断，加上不规则蜂巢状的石膏造型，给这个空间增加了不少的视觉创意。

2. 空间开放，各功能区分不明显

小户型的面积不够用，大户型的空间过于开放，功能区之间要有一个美观实用的分隔，吊顶分隔是大户型一个不错的选择。

（1）独特层次 L 形顶棚设计

这个空间十分的开放，客厅、餐厅、厨房几乎在同一水平线上，用一个 L 形的吊顶，使功能区分更加明晰，且造型独特。

（2）不规则客厅的圆形天花板

客厅本来就不是四四方方的，而是侧边有弧度的，这个时候，吊顶的处理就非常的关键，先设计出一个圆形，再配以隐形灯光，使得顶棚与整个客厅的环境更加融洽、和谐。

（3）用弧形吊顶突出空白天花板

客厅区域没有做任何的吊顶，而是在餐厅玄关区域做了创意十分夸张的吊顶，不仅得到了很好的视觉分隔效果，反而把客厅的顶棚装饰得富有美感。

3. 横梁又粗又大，如何化弊为利

就算是大户型，也会有先天的设计缺陷，横梁的存在不可避免，聪明的设计者会将其遮掩或者利用起来。

（1）围边吊顶 + 多层石膏造型

四周的横梁比较粗大，在这个奢华风格的客厅里必须要做一定的处理，欧式围边的吊顶是必备的，同时加上 3 层的石膏线，巧妙地化解了这个难题。

（2）半封闭围边 + 反光壁纸

半封闭围边，沿着横梁重新围出了几个区域，但是并没有全部封掉而是留出了一条边，配合灯光的效果，整个空间显得豪华气派。

（3）围边 + 半封顶吊顶设计

这个客厅的顶棚成本比较大，围的面积大，高度也比较大，中间还有一层半封顶，却能很好地遮住粗大的横梁，同时又把造型做了出来。

08 顶棚上如何合理布线

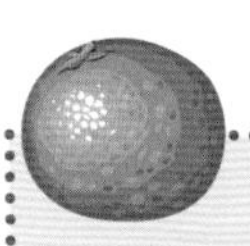

一、顶棚布线有哪些要求

1. 导线不应敷设在贴顶纸上，并且不能进入吊顶内；导线的固定物应用绝缘子或瓷柱；导线应沿桁架敷设而不应沿龙骨敷设；导线进出吊顶时应穿瓷管。

2. 槽板不应直接伸入吊顶内；由上顶引至吊顶的导线，应加木吊杆支持；绝缘子或瓷柱固定在望板上时，望板的厚度须大于 20mm；使用铝导线时，其截面积应比常规选用截面积大一级，承力处不能有接头；瓷柱或绝缘子间的最大距离见下表。

表 1-1 瓷柱、绝缘子支持点之间的最大距离

类别	支持物间最大距离（m）			线间最小距离（m）
	导线截面（mm^2）			
	4 ~ 6	10 ~ 25	25 以上	
绝缘子	–	2	3.5	0.1
瓷柱	1	–	–	0.1

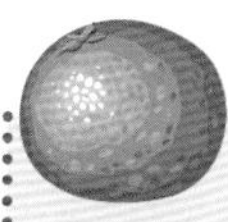

二、回路的设计

1. 一台空调要用一个回路。3P 的空调，功率大约在 3000W，要用 4 平方㊀的单独回路。

2. 厨房的普通插座用一个回路。由于使用频率高，要用 4 平方电线的单独回路。如果有微波炉、电烤箱，要分别用一根 4 平方的单独回路。冰箱是常年使用的，最好单独用一个回路，让电线老化得慢一些。

3. 卫生间插座用一个回路。卫生间的浴霸、电热水器的功率很大。浴霸的功率一般是 1100 ~ 1200 瓦，风暖一般是 2000 ~ 2500 瓦。如果卫生间里同时有热水器和浴霸，可用 4 平方的单独回路；如果只有一个浴霸，可用 2.5 平方的单独回路；如果只有一个风暖，可用 4 平方的单独回路。

4. 其他的普通插座用两个回路。如果户型很大，可以客厅插座用 2.5 平方的回路，卧室插座用 2.5 平方的回路。具体根据电器的最大功率来定。

5. 照明灯可用两个回路。很多电工把照明线路设计成一个回路，但如果用两个回路，可避免照明线路跳闸时，家里一片黑。可以给客、餐厅的灯用一根 1.5 平方的回路；其他房间的灯用 1.5 平方的回路。

以上的回路设计已经充分考虑到安全性，对一般家庭是够用的。但很多家庭有其他的大功率电器，如：即热式电热水器、微波炉、电烤箱、电暖气……这类电器要单独用一个回路。

㊀ 平方是指平方毫米导线，后同。

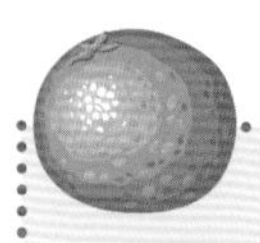

三、电线的铺设过程

火线、零线、地线

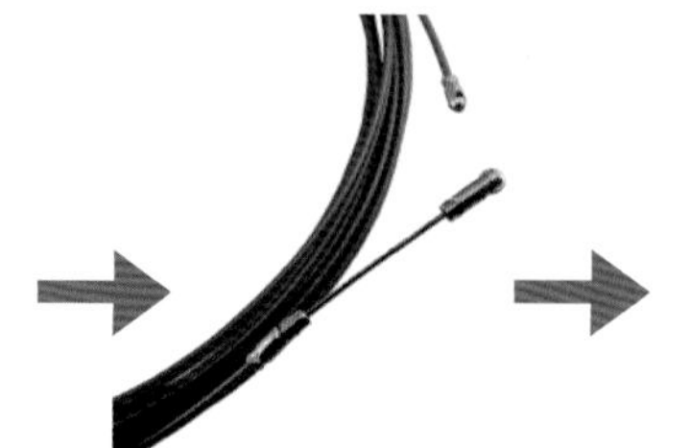

穿电线的引线

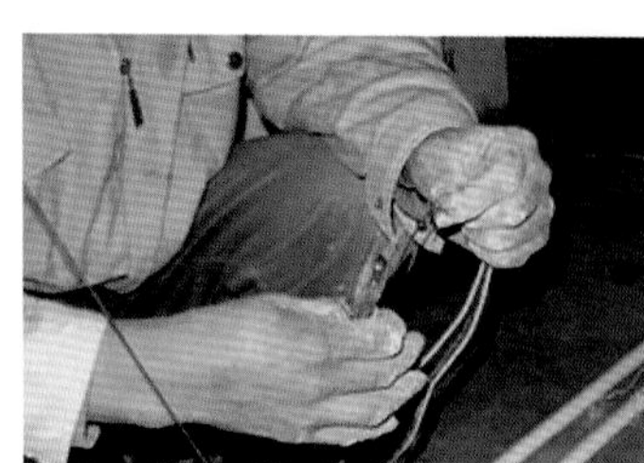

穿线

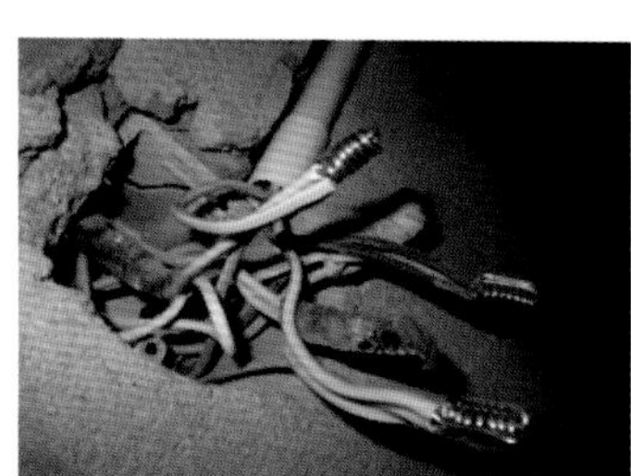

将电线头拧成股

准备好焊锡膏

刷好焊锡膏

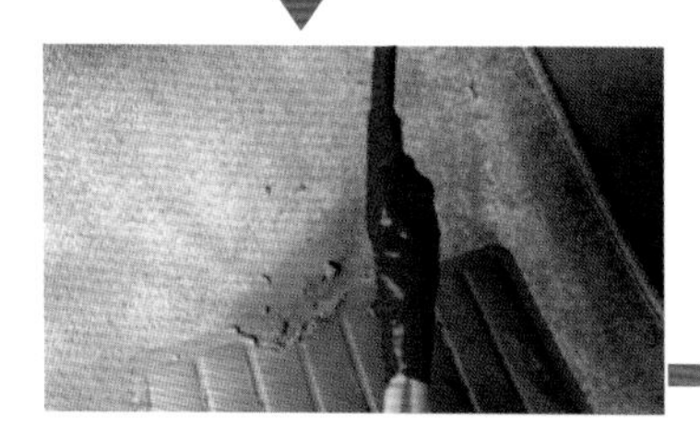

溶化焊锡后，缠上红胶带

再缠上黑胶布

最后给电线套上次管

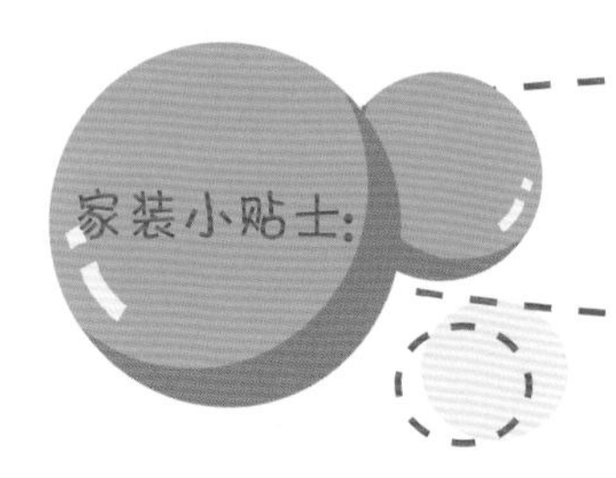

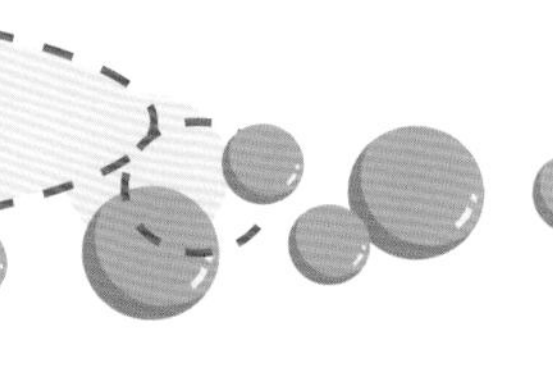

家装小贴士：

水电管线怎么买

种类	注意事项
电线	只要不买到假冒伪劣产品即可。正规产品中，不一定必须买最粗的。由于电线细而保修的情况很少。按现在的施工标准，电线的安全冗余很高，规定 1.5P 的空调用 2.5 平方的电线，实际上用 1.5 平方就不会有问题
网线	一定要用好的，差的网线里面的铜线太细，导致水晶头接触不好，容易掉线，有时还让人误以为是路由器等设备的问题。但好的网线并不是越贵越好，带屏蔽的网线就没必要买。因为民用网络对干扰是不敏感的，几乎可以忽略
水管	全用 PPR 管，但不要区分冷热水管，可全部用热水管
三角阀、软管	一定要用好的，万一爆裂，后果不堪设想
有线电视线、电话线、音响线	一般的就可以

第二章

搞懂不同形式的顶棚设计

01 异形吊顶适宜的使用环境

本身是不规则图形的吊顶叫作异形吊顶。异形吊顶是局部吊顶的一种，主要适用于卧室、书房等房间，在楼层比较低的房间，客厅也可以采用异形吊顶。方法是用平板吊顶的形式，把顶部的管线遮挡在吊顶内，顶面可嵌入筒灯或内藏日光灯，使装修后的顶面形成两个层次，不会产生压抑感。异形吊顶采用的云型波浪线或不规则弧线，一般不超过整体顶面面积的三分之一，超过或小于这个比例，就难以达到好的效果。

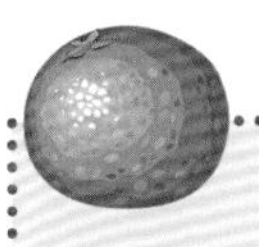

异形龙骨的制作过程

龙骨制作造型

敷上面板

安装石膏板

装饰效果

图解异形吊顶

02 不可小觑局部吊顶与墙面的连接问题

局部吊顶是为了避免居室的顶部有水、暖、气管道，而且房间的高度又不允许进行全部吊顶的情况下，采用的一种局部吊顶的方式。这种方式的最好模式是，这些水、电、气管道靠近边墙附近，装修出来的效果与异形吊顶相似。

吊顶边缘与墙体的固定连接，因吊顶形式和类型的不同，其连接方式也不相同。归纳有如下 6 种形式。

1. 墙饰面与顶棚面直接连接

这种做法简洁明快，不做任何装饰处理。但施工工艺要求较为严格，必须保证墙面的垂直度和顶面的水平度，做到顶面和墙面接缝密实、垂直、通顺（如图 a）。

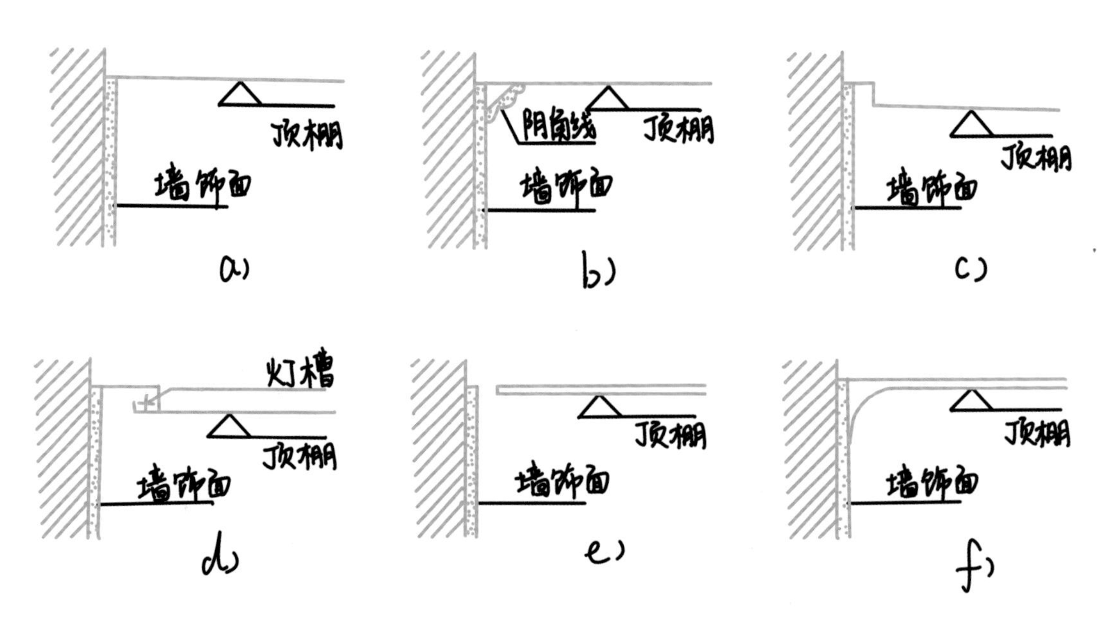

2. 墙饰面与顶面连接处加装饰阴角线

这种做法用于装饰性较强的空间，看似复杂，其实最为简单。通常不需要考虑墙顶交界处接缝严实的问题，待墙顶装饰面完毕，安装角线即可。既有良好的装饰效果，又能掩盖顶部阴角不平直的缺陷（如图 b）。

3. 墙饰面与顶棚面连接处留凹槽

这种做法装饰性较强，墙顶交界处富有变化，且简洁大方，并可避免接缝开裂的问题，但要求凹槽的深度和直线度均匀一致。凹槽处，还可考虑安装嵌入式点光源（如图 c）。

4. 墙饰面与顶棚面连接处设暗藏灯光槽

这种做法使墙顶交界处形成光带，凸显了顶部造型的边缘轮廓，烘托了墙面的装饰效果（如图 d）。

5. 墙饰面与顶棚面连接处离缝

这种做法多用于半敞开式金属格栅吊顶（如图 e）。

6. 墙饰面与顶棚面连接处平滑过渡

这种做法通常将墙饰面材料与顶棚饰面材料统一，并做成曲面连接。墙面与顶部没有明显的界限（如图 f）。

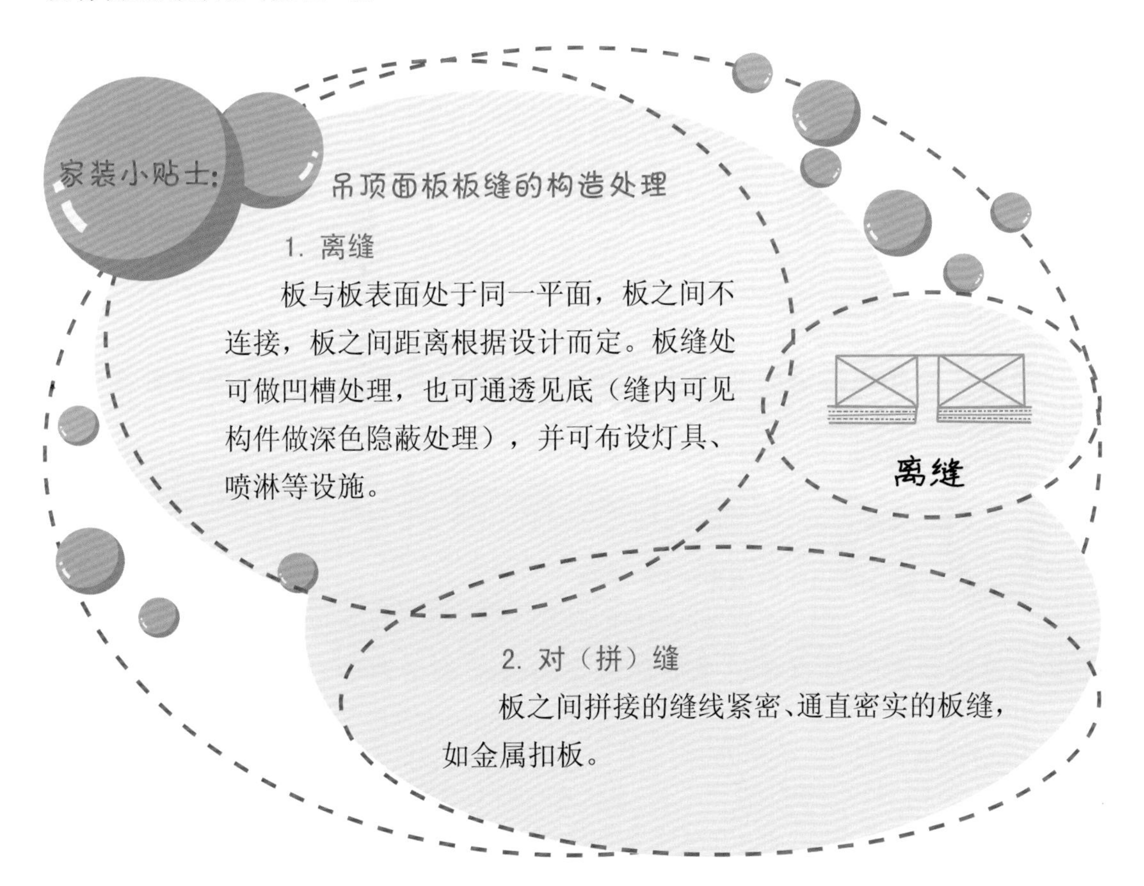

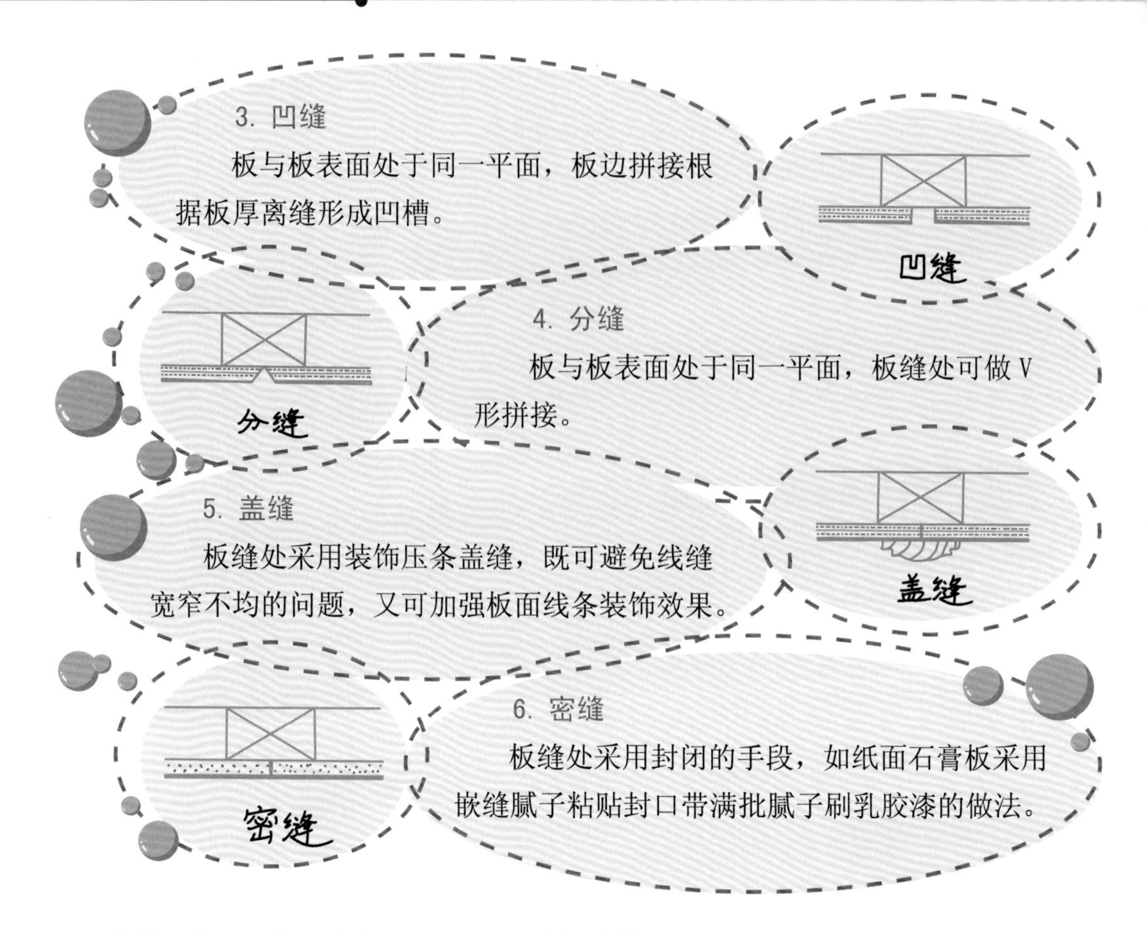

此外，吊顶面板还与灯具、风口、检修孔等设施有直接的联系，设计时必须考虑这些因素。

03 藻井式吊顶常见问题处理方法

这类吊顶的前提是，你的房间必须有一定的高度（高于2.85m），且房间较大。它的式样是在房间的四周进行局部吊顶，可设计成一层或两层，装修后的效果有增加空间高度的感觉，还可以改变室内的灯光照明效果。

1. 藻井式顶棚设计条件

房间高度必须高于 2.85m，且房间较大。

2. 藻井式顶棚设计方法

藻井式吊顶的式样是在房间的四周进行局部吊顶，可设计成一层或两层，装修后的效果有增加空间高度的感觉，还可以改变室内的灯光照明效果。

3. 藻井式顶棚常见问题及解决办法

（1）龙骨松动

主要原因是固定不紧密，小龙骨连接长向龙骨和吊杆时，接头处最少应钉两个钉子，可同时辅以乳胶液粘接，提高连接强度。

（2）龙骨底面扭曲不平整

主要原因是小龙骨安装不正，卡档龙骨与小龙骨开槽位置不准，应进行返工，重新调整、安装。

（3）龙骨起拱、下沉

主要原因是施工时尺寸测量不准所致，应返工重装。龙骨起拱应控制在房间跨度的 1/200 以内。

（4）饰面表面鼓包

饰面表面鼓包主要是由于钉头未卧入板内所致。无论是圆钉还是木螺丝，钉帽都必须卧入饰面板内，可用铁锤垫铁垫将圆钉钉入板内或用螺丝刀将木螺丝沉入板内，再用腻子找平。注意不要损坏纸面石膏板的纸面。

（5）表层乳胶漆涂刷及壁纸粘贴出现质量问题

在乳胶漆和壁纸施工规范中找出解决办法。

木工常用的六种板材

大芯板

胶合板

刨花板

密度板

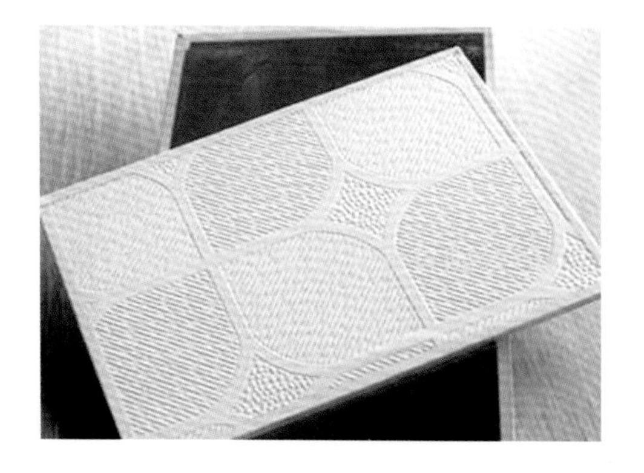

石膏板

水泥板

04 格栅式吊顶的安全性能

格栅吊顶是顶棚装饰中时尚、流行的一种吊顶形式，具有很强的现代感。格栅式顶棚是由藻井式顶棚形式演变而成的一种顶棚体系，由于表面呈开放形式，吊顶的骨架不被隐蔽，既遮挡又通透的装饰效果，减少了顶棚的压抑感。由于龙骨与饰面合二为一，格栅本身也就是顶棚饰面，构造更加简洁，装配更加方便，装饰效果美观大方。

木格栅吊顶

金属格栅顶棚

格栅吊顶材料是由铝质、不同等级的钢材质制作而成，它们有着一定的强度与硬度，不会因为一点的冲击力就损坏，在安装完格栅吊顶以后，都会为其做磷化层处理，这使它们更加耐用、耐腐蚀，不会因为长时间的使用而出现掉色或者损坏现象。

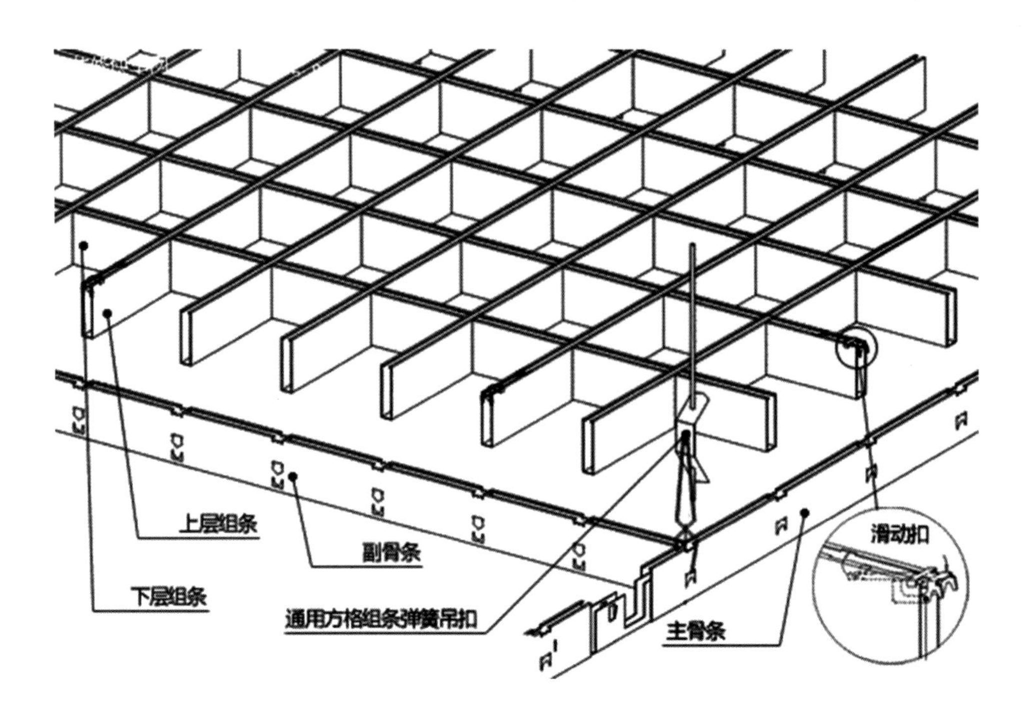

格栅吊顶施工应注意的问题

1. 吊顶的平整性

① 注意标高线的水平控制，应采用细尼龙线拉通直线。

② 注意吊点的分布要均匀，在龙骨连接部位和重载部位应增设吊点，防止吊顶局部下沉。

2. 吊顶的直线度

① 控制材料的质量，坚决剔除扭曲变形的材料。

② 按格栅的分格位置拉平直控制线，严格对线安装格栅骨架。

③ 安装格栅骨架时，不可强扳硬装，避免安装过程中发生扭曲变形。

3. 吊顶与灯具和设备的关系处理

① 注意按设计要求控制灯具和设备安装的准确位置。

② 做好吊顶与灯具、设备安装在工序和工艺上的配合协调，避免产生交接面矛盾或尺寸位置等冲突。

05 无顶棚设计流行的主要原因

与吊顶天花板相比，无吊顶天花板具有经济、环保、耐久以及易施工等优点。

1. 经济性

无吊顶天花板在装饰材料使用上最大限度地减少，施工工序、难度也因此降低，施工周期相应减少，进而带动运输、人工、废料清理、水电消耗等一系列施工环节的成本降低，在满足使用功能、保证设计效果的前提下，最大限度地控制成本，提高效益，这是无吊顶天花板在讲究实效的今天被广泛应用的一个重要因素。

2. 环保性

环保、节能已成为21世纪建筑装饰的主题，这就要求在装饰装修设计、施工时进一步强化环保意识，倡导低能耗、低污染的绿色设计、绿色施工。无吊顶天花板的设计与施工，能避免对装饰材料的过分依赖，减少施工废弃物、减少因过度装修造成的室内空气污染；另一方面，无吊顶处理相对有效地减少装饰材料在建筑天花板的附着，从而避免因吊顶而增加建筑物的荷载所导致的承重结构尺寸和用料量加大，而这种加大会引发新一轮的资源消耗和污染排放。无吊顶天花板的广泛应用符合“绿色设计”和“绿色施工”的环保理念。

3. 耐久性

吊顶天花板带常常出现的变形、开裂等问题是目前天花板吊顶设计和施工中仍然无法避免的难题。此外，由于天花板吊顶往往把管道隐藏在内，当管道渗漏时得不到及时维修，再加上在吊顶内空间容易藏污纳垢，装饰材料老化等问题，一般使用时间为3～5年，在餐饮、娱乐等场所，由于环境因素变化大，寿命便更短。无吊顶天花板由于充分利用建筑天棚结构，表面较少装饰材料，因此在使用当中极少出现上述问题，由于各种管线外露在维修保养时非常方便和高效。此外，无吊顶天花板还大大提高了建筑的室内绝对高度，避免用吊顶可能产生的压抑感。

工种	负责项目	五大工程
电工	确定开关和插座的位置，开槽、铺电管、铺电线	电路工程
水工	确定上下水管的位置，开槽、铺水管	水路工程
泥瓦工	墙面抹灰、铺贴瓷砖等，如果要拆墙也由他们来做	木工工程

（续）

工种	负责项目	五大工程
油漆工	装修后期才进场，负责墙面、家具、门窗的上漆，以及刷漆前的相关工作	油漆工程

06 顶棚贴壁纸的那点事儿

顶棚贴壁纸具有色彩多样、图案丰富、价格适宜、耐脏、耐擦洗等优点。

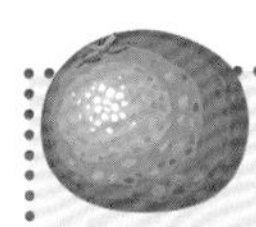

一、壁纸的种类

1. PVC 发泡壁纸

这是目前市面上常见的壁纸，所用表层材料绝大部分为聚氯乙烯（或聚乙烯），又称 PVC 壁纸。由于所加的材料不一样，又分为以下三种。

（1）塑料壁纸

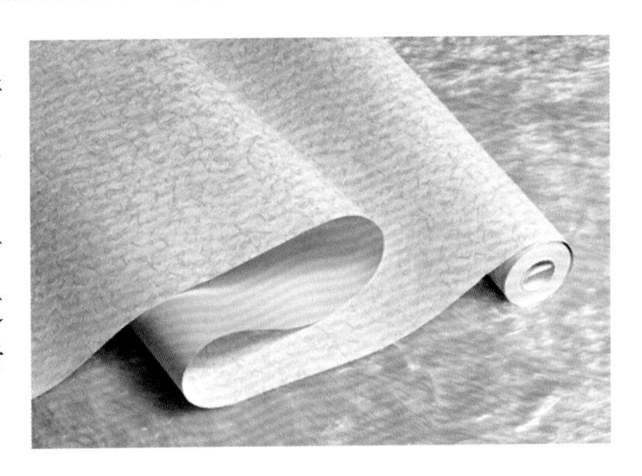

这种壁纸又分很多类型，每一类又分若干品种，每一品种再分为各式各样的花色。一般是用纸作基材，涂塑 PVC 糊状树脂，再经印花、压花而成，通常有平光印花、有光印花、单色压花、印花压花几种类型。这种壁纸价格相对低廉，使用面广，结实耐用，但环保性差些。

（2）发泡壁纸

发泡壁纸是建立在 PVC 壁纸的生产工艺基础上，用掺有发泡剂的 PVC 糊状树脂，印花后再发泡而成。这类壁纸比普通壁纸显得厚实、松软。其中高发泡壁纸表面呈富有弹性的凹凸状；低发泡壁纸是在发泡平面上印有花纹图案，形如浮雕、木纹、瓷砖等效果。

（3）金属壁纸

也是 PVC 壁纸的另类，这种壁纸是将金、银、铜、锡、铝等金属，经特殊处理后，制成薄片贴饰于壁纸表面，这种壁纸构成的线条颇为粗犷奔放，整片的用于墙面可能会流于俗气，但适当地加以点缀就能不露痕迹地带出一种炫目和前卫。通常这种感受只有在酒店、餐厅或者是夜总会里才会使用，现代家居特殊效果墙面小部分采用。

2. 草编壁纸

它是用草、树枝等制成面层的壁纸，风格古朴自然，素雅大方，生活气息浓厚，给人以返朴归真的感受。

3. 无纺壁纸

无纺壁纸是细短的纺织纤维或化学纤维采用热粘或化学等方法加固而成基础材料，再印花制成，抗拉力强，结实耐用，但质地粗糙，略显低档。

4. 玻纤壁纸

由玻璃纤维(也有纯纸)加工制成各种图案，实际使用中还要再刷漆，形成同色花纹，又称为刷漆壁纸，其抗拉扯力极强，价格低廉，但玻纤材料本身环保性差，对皮肤和呼吸道有刺激，颜色简单，一般用于公装项目。

5. 纸浆壁纸

纸浆壁纸主要由草、树皮加工，及现代高档新型天然木浆加工而成，花色自然、大方、纯朴，粘贴技术简易，不易翘边、起泡、无异味、环保性能高，透气性强，尤其是现代新型加强木浆壁纸更有耐擦洗、防静电、不吸尘等特点。但需要说明的是：目前市场此类壁纸工艺质量和技术指标差异极大，良莠不齐。

6. 木纤维壁纸

木纤维壁纸为新一代经典、实用型高档壁纸，由树种中提取的木质精纤维丝面或聚酯合成，克服了其他壁纸的不足，对人体没有任何化学侵害，透气性能良好，墙面的湿气、潮气都可透过壁纸，而且经久耐用，可用水擦洗，更可以用刷子清洗，抗拉扯，且防霉、防潮、防蛀，使用寿命是普通壁纸的 2 ~ 3 倍。

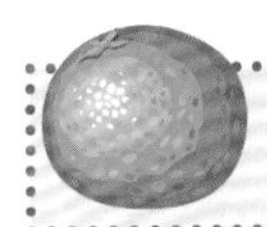

二、选购墙纸的技巧

1. 看：看一看墙纸的表面是否存在色差、皱褶和气泡，墙纸的花案是否清晰、色彩是否均匀。

2. 摸:看过之后，可以用手摸一摸墙纸，感觉它的质感是否好，纸的薄厚是否一致。

3. 闻：这一点很重要，如果墙纸有异味，很可能是甲醛、氯乙烯等挥发性物质含量较高。

4. 擦：可以裁一块墙纸小样，用湿布擦拭纸面，看看是否有脱色的现象。

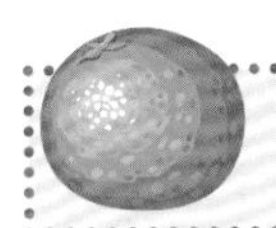

三、顶棚贴壁纸的方法

1. 首先必须要做的是横过整面天花板标上一条基准线。在墙壁两端依壁纸的宽度标出记号，然后将两点记号用涂抹上彩色粉笔的铅垂线紧绷地拉上，再迅速一一弹垂线，墙布所要对齐的基线就完成了。为了方便执握壁纸，将壁纸上胶并按照 S 形折叠法皱褶就可以了。

2. 天花板较高，在做粘贴工作之前必须先搭个临时台架，以两组双脚梯为支架，往其上放置一块长木板，使之成为一个架高的平台，高度方面一定要适中，以能触及天花板为宜。

3. 接下来粘贴工作就开始了，将壁纸或者墙布贴在天花板上，要多留 5cm 的长度，接着缓缓摊开壁纸，顺势将前半部分的墙布轻轻地贴上刷平。一定要确定墙布的边缘与天花板上的粉笔基准线对齐契合。

4. 如果天花板上有照明灯具，先关掉电源，把灯泡与灯罩拆卸下来，然后再把壁纸平铺上去，再以开关或插座的处理方式，从中向灯具座的四角以相等的同隔切开，最后再将其轻塞入灯具座里。角落的部位必须做斜接缝的处理，如果打算在塑胶壁纸上黏贴缘饰，就得用特别的重叠方法固着胶糊。

壁纸十大品牌排行榜

牌子	介绍	参考报价
玉兰	公司成立于1984年，中国驰名商标，广东名牌，广东省著名商标，省级高新技术企业	100元/卷左右
欧雅	专业生产胶面壁纸的企业，中国壁纸业最具影响力和知名度的品牌之一	150元/卷左右
爱舍 Artshow	江苏省著名商标，国内最具规模的墙纸专业企业，国家壁纸质量标准起草企业	100 ~ 300元/卷
瑞宝 Rainbow	中国壁纸家装的理念倡导者和行业领导者，致力于创造时尚个性化家居环境	100元/卷左右
柔然 ROEN	中国壁纸软装饰行业领导者之一，中国领先的专业壁纸集成供应商	500元/卷左右
特普丽 TOPLI	创于1976年，中国墙纸协会理事单位，中国墙纸行业市场影响力品牌	150元/卷左右
布鲁斯特	始于1954年美国，全球历史最久、规模最大的墙纸跨国公司之一	400元/卷左右
格莱美 Glamor	墙纸影响力品牌，负责人为中国建筑装饰装修材料协会墙纸专业委员会副理事长	600元/卷左右
AS艾仕	始于1974年德国，全球壁纸行业领先品牌，极具市场影响力的时尚壁纸品牌	600元/卷左右
欣旺	始于1983年台湾，国内壁纸著名厂商，上海市室内装饰行业协会理事单位	400元/卷左右

注：每卷宽约0.7m，长约10m。

07 跌级吊顶的工程量计算规则

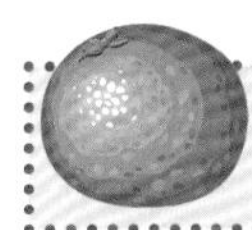

一、平面顶棚与跌级顶棚

1. 平面顶棚

顶棚面层在同一标高者为平面顶棚。

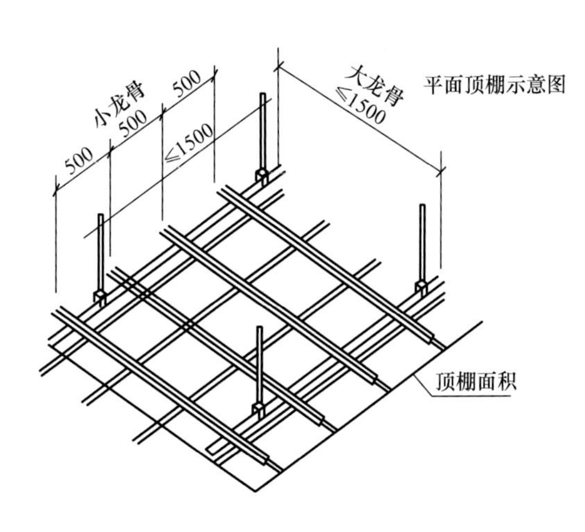

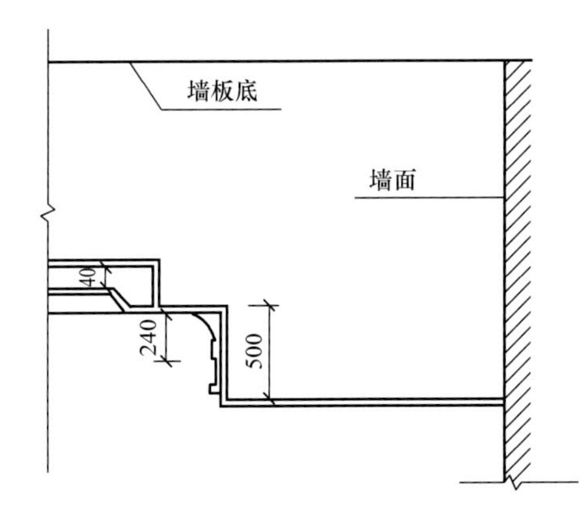

2. 跌级顶棚

顶棚面层不在同一标高者为跌级顶棚。

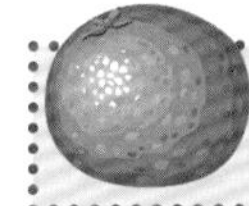

二、跌级顶棚和阶梯式顶棚

1. 跌级顶棚

跌级顶棚就是有简单的标高变化的顶棚。

2. 阶梯式顶棚

阶梯式顶棚就是呈阶梯变化的顶棚，一般在大型会议厅、阶梯教室用得比较多。

跌级顶棚　　阶梯式顶棚

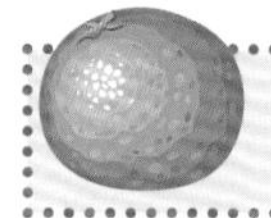

三、跌级顶棚工程量计算规则

1. 顶棚龙骨工程量按设计图示尺寸以水平投影面积计算。

不扣除间壁墙、垛、柱、附墙烟囱、柱垛和管道的面积，但应扣除单个 $0.3m^2$ 以上的孔洞、独立柱及与顶棚相连的窗帘盒所占面积。

2. 顶棚基层、面层工程量除注明外均按设计图示尺寸以展开面积计算。

不扣除间壁墙、垛、柱、附墙烟囱、柱垛和管道的面积，但应扣除单个 $0.3m^2$ 以上的孔洞、独立柱及与顶棚相连的窗帘盒所占面积。

灯光槽基层、面层工程量，按设计图示尺寸以展开面积计算。

3. 顶棚面层，若饰面材料没满贴（挂、吊、铺等）时，按设计图示尺寸以其实际面积或数量计算。

4. 其他顶棚（含龙骨和面层）工程量设计图示尺寸以水平投影面积计算。

5. 注意事项：顶棚吊顶工程量需分层计算，自上而下，而且龙骨工程量规则与基层、面层是不同的。

四周的周长（延长米）×（垂直面 + 水平面的长度）= 展开面积。

08 设计玻璃顶棚应注意哪些问题？

玻璃顶棚的构造比较特殊，其构件的设计至关重要。室外玻璃顶棚通常是采用玻璃幕墙的工艺做法，其构件和组合方式有成型配套的系统，较为成熟。室内玻璃天棚的龙骨尚没有完全配套的定向产品，通常需要根据设计定制加工。

设计玻璃顶棚时，在考虑顶棚装饰效果的同时，要充分考虑结构、材料的安全稳定性和可操作性。

1. 吊挂系统和龙骨系统必须与建筑物主体结构连接牢固。

2. 吊挂构件必须有足够的强度，以保证顶棚的稳定性和不变形，并针对不同材质作相应的防腐、防锈、防火等处理。

3. 玻璃板应采用安全玻璃，如钢化玻璃、夹胶玻璃、夹丝玻璃等。

4. 玻璃板的厚度在保证玻璃板不弯曲变形的前提下，尽量选用薄型板材，以减轻顶棚的荷载。

5. 玻璃与吊挂件紧固连接部分，应加透明橡胶垫片，防止玻璃在震动和收缩时产生爆裂。

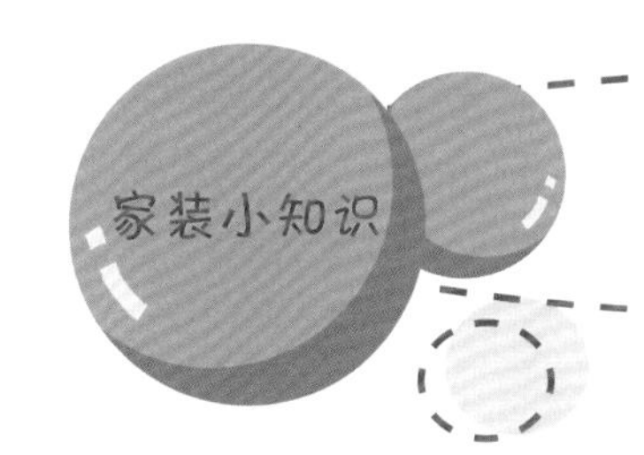

吊顶饰面玻璃板种类

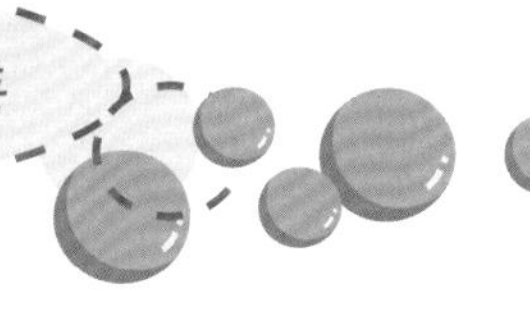

种类		图示	报价
蒙砂玻璃	又称为乳化玻璃，是借助丝网板、蒙砂膏等材料，直接在玻璃表面进行印刷的一种装饰玻璃	普通蒙砂玻璃	100 元（左右）/m²
		喷砂玻璃	200 元（左右）/m²
		喷砂玻璃	200 元（左右）/m²
装饰玻璃	镜面玻璃是在玻璃表面镀有硝酸银或真空镀铝及有色膜等。	镜面玻璃	300 元（左右）/m²
	彩色玻璃又称为有色玻璃或饰面玻璃，其颜色有红、黄、篮、黑、绿、白等色。	彩色玻璃	600 元（左右）/m²

（续）

种类		图示	报价
装饰玻璃	彩绘玻璃又称为彩印装饰玻璃，是通过特殊工艺过程，将绘画、摄影或装饰图案直接绘制或印刷在玻璃表面	彩绘玻璃	1000元（左右）/m^2
有机玻璃	有机玻璃又称为亚克力，化学名称为聚甲基丙烯酸甲酯，是一种热塑性塑料制品	亚克力	几十元（左右）/m^2

第二章 适宜不同环境的顶棚设计

01 进风口贴近顶棚，客厅空调白装了

对于壁挂式空调来说，下侧为出风口，上侧为进风口。进风口负责测量室内的温度，如果天花板过低，将进风口挡住，空调测量得就只是附近一小片区域的温度。由于这个区域已经降温，所以会让空调误认为房屋已经达到了设定的温度，因而停止制冷。为什么进风口要在上方？因为热空气会上升，进风口吸入较热的空气的过程称为“回风”。空调以此判断空气的温度，然后再送出冷风。如果吸入的空气达到设定温度，空调就会停止输送冷风。

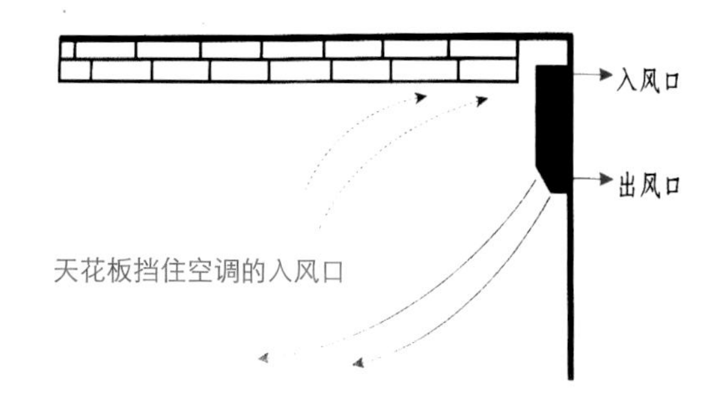

天花板挡住空调的入风口

中央空调的出、入风口

如果回风的空间不够，比如进风口有障碍物阻挡，空调会吸入刚吹出去的冷空气，这被称为“短循环”，空调会误认为空气已经降温。所以，空调上方至少要有15cm的空间，前方至少要有45cm的空间。如果前方无法达到45cm，要把天花板的一角拆掉，或设计成斜角，这样就不会挡到冷风了。此外，室外机也要离墙面50cm以上。如果散热空间不够大，也会造成制冷效果不佳。

很多人觉得空调摆在外面不好看，想将其隐藏起来。如果不想看到空调，可以安装吊顶式空调，像宾馆那样，只能看到出风口，而看不到室内机。室内机暗藏在天花板内，也可以藏在柜子的顶部，机体是超薄的大约25cm高。安装时要注意回风良好，使空气形成循环。

吊顶式空调的价格一般较高。如果经济条件好，可以选择装中央空调。

现代化家居的六大系统

系统	详　解
空调系统	普通的分体空调最好用变频空调，它更舒适。中央空调的优点是隐蔽，舒适度更好，噪声更低，寿命更长，故障率更低；缺点是价格高，耗电更多，一旦发生故障也更难处理
地热系统	地热系统的价格和中央空调差不多，但如果是自采暖，使用费很高。120m^2 的房子每月可能要花 2000 元。不过，安装地热就不用再装热水器了。如果是早出晚归的人，就没必要装地热系统了，或许空调更适合
新风系统	有条件可以装一个，对保持空气新鲜大有益处
净水系统	作用有三：1. 自来水可以直接饮用。2. 可降低水的硬度，使锅不易结垢。3. 用软水洗澡可以使皮肤更光滑，没有洗完后的紧绷感
安防系统	神经高度紧张的人可以安装，但只能防范普通人，对职业杀手没用
智能系统	前面的系统都没有暴利，但这个系统的利润非常丰厚，而且也不实用，不如请个管家

02 卧室顶棚设计四大技巧

卧室中吊顶是一个设计重点，卧室在居室中是私密性最强的空间，是一个与外界暂时分开的世界，具有相当程度的隐秘性。温馨自然的配色在这个睡房里传达出一种有生气、宁静的氛围。

技巧一：在卧室的四周做吊顶，中间不做吊顶。

这种吊顶可用木材夹板成型，设计成各种形状，再配以射灯或筒灯，在不吊顶的中间部分配上新颖的吸顶灯。这样会在视觉上增加空间的层高，较适合于大空间的卧室。

技巧二：将卧室四周的吊顶做厚，而中间部分做薄，从而形成两个明显的层次。

这种做法要特别注重四周吊顶的造型设计，在设计过程中还可以加入自己的想法和喜好，从而可以把吊顶设计成具有现代气息或传统气息的不同风格。

技巧三：在卧室天花板顶四周运用石膏做造型。

石膏可做成各种各样的几何图案，或者雕刻出各式花鸟虫鱼的图案，它具有价格便宜、施工简单等特点，因此运用于卧室的吊顶也不失为一个好的方法，只要其装饰效果和房间的装饰风格相协调，便可达到不错的整体效果。

技巧四：若是卧室的空间高度充裕，那么在选择吊顶时，就有了很大的余地。

可以选择如玻璃纤维板吊顶、夹板造型吊顶、石膏吸音吊顶等多种形式，这些吊顶既在造型上相当美观，同时又有减少噪声的功能，是理想的选择。

三

03 厨房吊顶究竟用什么材料好

厨房吊顶不仅要面对潮湿水汽的侵袭，而且炒菜时产生的油烟和异味也会粘附在其表面，时间一长便会不堪入目。因此耐锈、耐脏、易清洁是选择厨房吊顶材料的准则，那究竟厨房吊顶用什么材料好？

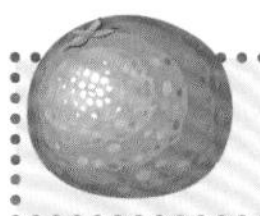

一、厨房吊顶常用材料对比

常用的厨房吊顶材料一般有 PVC 扣板、铝扣板、铝合金扣板、防水石膏板四种。

1. PVC 扣板

PVC 扣板吊顶是以聚氯乙烯为原料，经挤压成型组装成框架再配以玻璃制成，适用于对防火没有太高要求的卫生间和厨房的吊顶装修。PVC 扣板吊顶具有防潮、隔热、易安装清洁、价格低等优点。施工时塑料扣板吊顶由 40mm × 40mm 的方木板组成骨架，在骨架下面装钉塑料扣板。

2. 铝扣板

铝扣板是新型的吊顶材料，具有防火、防潮、防腐、抗静电、吸音、隔音的优点，其常用形状有长形、方形等，表面有平面和冲孔两种，两者差别主要在硬度，微孔铝板又叫做暗骨方型扣板天花板吊顶系统，其板面平整、接缝细、设计简洁大方，微孔铝板的标准规格为 350mm × 350mm、600mm × 600mm、600mm × 1200mm。检验铝扣板主要看漆膜光泽厚度。

3. 铝合金扣板

铝合金吊顶是在铝扣板的制作工艺上添加了镁、锰等金属，使扣板质轻而更具弹性。铝合金扣板和传统的吊顶材料相比，质感和装饰感方面更优。不仅具有防潮、防火、吸音、隔音的优点，还具有抗静电、防尘的效果。铝合金吊顶的价格偏高，目前大多以商业用途为主，近年来有逐渐向家用市场发展的趋势。

4. 防水石膏板

防水石膏板是在石膏芯材里加入定量的防水剂，对板芯和护面纸都作防水处理，使其达到一定的防水标准的轻型装修板材。防水石膏板的表面吸水量≤ 160g/m^2，吸水率在 5% 左右，这种板材一般可用于空间较大、湿度较高的空间装修。防水石膏板具有隔音、隔热、保温、防火、安装方便、施工性好、价格便宜的优点。安装施工时一般使用轻钢龙骨架，施工时要注意防锈，吊筋要刷防锈漆。

二、厨房吊顶用什么材料好

1. 根据不同的造型设计选择

平顶的厨房可以选用 PVC 扣板、铝扣板搭配轻钢龙骨。如果厨房要设计成拱形顶，可以选用加工性强的石膏板、软板或弹性好的铝合金板。

2. 根据厨房面积选择

厨房面积较小的吊顶适宜选择条状的板材，可以让房间的开阔感增加；面积大的厨房适宜选择方形的板材。另外也可以根据不同的色彩搭配令厨房吊顶更多姿多彩。

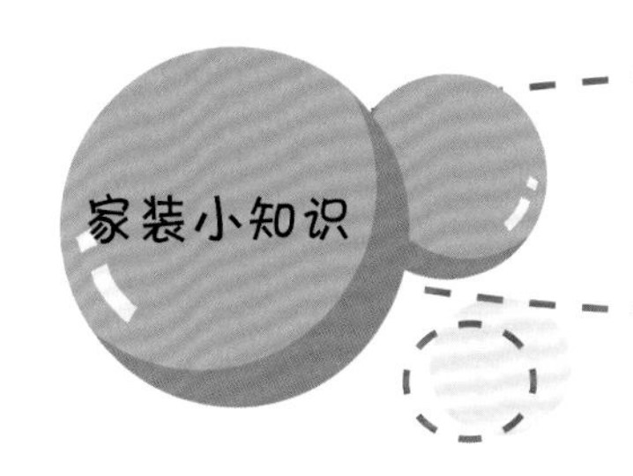

两种抽油烟机

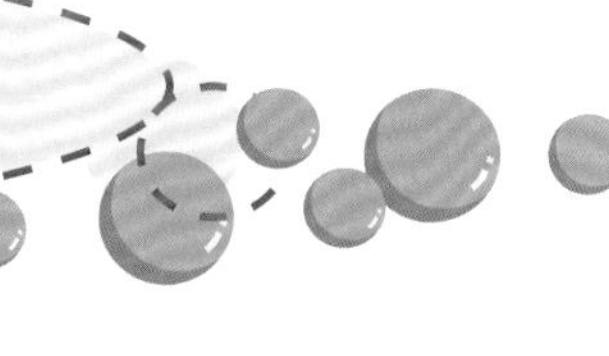

吸顶式抽油烟机

侧吸式抽油烟机

性　　能	顶吸式	侧吸式
风机沾油程度	用滤网孔隔离油烟，滤网孔多在 0.04cm^2 大小，有部分油烟能通过。内壁及风机叶轮会粘上大量油烟，时间长了会影响风机转动和抽油烟效果	可做到油烟分离，油烟通过与滤板的“碰撞”被顺势导入滤板下方的油槽，而排出的是清风。可基本避免油烟在机器内部的附着。风机不积油就无须清洗，这会延长整机寿命
清洗方便程度	内腔及风机很容易积油，要经常清洗。但清洗难度大，一瓶清洗剂全喷完，也只能去除部分油烟	受到结构的限制，很难清洗
噪音大小	大多已采用静音技术，噪声小	噪声大
是否碰头	容易碰头	不容易碰头
是否滴油	容易滴油	不滴油
售价	较低	工艺复杂，售价较高

三

04 书房顶棚设计新宠——矿棉板

书房又称家庭工作室，是作为阅读、书写以及业余学习、研究、工作的空间。书房在住宅的总体格局中归属于工作区域，相当于家居的办公室，却也更具私密性。而书房的合理布置则有利于建立良好的习作氛围和环境，从而改善我们处于书房的心情，利于学习思考，提高效率。

矿棉板一般指矿棉装饰吸声板。矿棉板是以矿渣棉为主要原料，加适量的添加剂，经配料、成型、干燥、切割、压花、饰面等工序加工而成的。不含石棉，防火吸音性能好。表面一般有无规则孔(俗称：毛毛虫)或微孔(针眼孔)等多种，表面可涂刷各种色浆(出厂产品一般为白色)。矿棉吸声板具有吸声、不燃、隔热、装饰等优越性能，特别适合于书房顶棚设计。

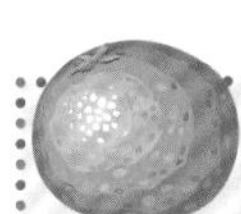

一、矿棉板的特点

1. 降噪性

矿棉板以矿棉为主要生产原料，而矿棉微孔发达，减小声波反射、消除回音、隔绝楼板传递的噪音。

2. 吸音性

矿棉板是一种多孔材料，由纤维组成无数个微孔，减小声波反射、消除回音、隔绝楼板传递的噪音。声波撞击材料表面，部分被反射回去，部分被板材吸收，还有一部分穿过板材进入后空腔，大大降低反射声，有效控制和调整室内回响时间，降低噪声。在用于室内装修时，平均吸音率可达 0.5 以上。

3. 隔音性

通过天花板材有效地隔断各室的噪音，营造安静的室内环境。

4. 防火性

防止火灾是现代公共建筑、高层建筑设计的首要问题，矿棉板是以不燃的矿棉为主要原料制成，在发生火灾时不会产生燃烧，从而有效地防止火势的蔓延，是最为理想的防火吊顶材料。

5. 装饰性

矿棉吸音板表面处理形式丰富，板材有较强的装饰效果。表面经过处理的滚花型矿棉板，俗称“毛毛虫”，表面布满深浅、形状、孔径各不相同的孔洞。另外一种“满天星”，则表面孔径深浅不同。经过铣削成形的立体形矿棉板，表面制作成大小方块、不同宽窄条纹等形式。

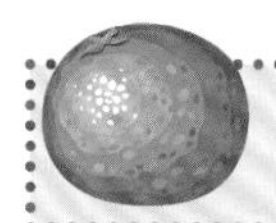

二、矿棉板报价

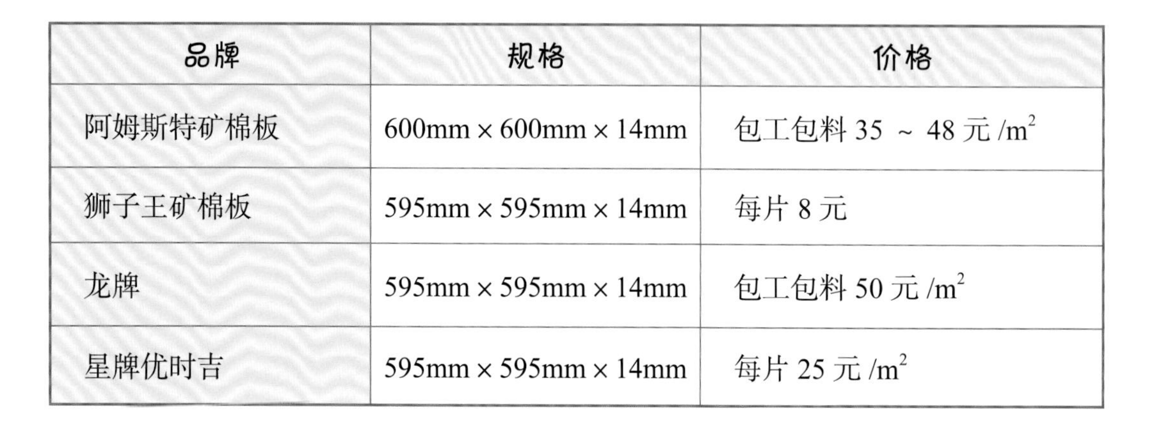

品牌	规格	价格
阿姆斯特矿棉板	600mm × 600mm × 14mm	包工包料 35 ~ 48 元 /m^2
狮子王矿棉板	595mm × 595mm × 14mm	每片 8 元
龙牌	595mm × 595mm × 14mm	包工包料 50 元 /m^2
星牌优时吉	595mm × 595mm × 14mm	每片 25 元 /m^2

1. 餐厅吊顶清洗

餐厅吊顶的污质除了饭菜产生的油污外，还会有夹杂着水汽，其清洗难度仅次于厨房吊顶。因餐厅是全家人就餐的场所，所以对于吊顶的清洗频率得做到较短、灰尘污质要及时地进行清除。

2. 厨房吊顶清洗

厨房的扣板板材一般为拉丝或纳米，有很好的抗油污性，平时用软布擦拭即可。但如果长时间没有清洗的话，可以使用少量的洗洁精，用吸水性较强的软布沾水后擦拭。在整个家居空间中，厨房空间的吊顶可算是最为复杂的了，因为在这里汇集了很多油污，但正是如此，所以厨房吊顶材质常常通用的是拉丝或者纳米材料，清洗可谓是十分的容易，平时只需用软布擦拭就可以了，但若是半年都没有进行清洗的话，那么将采用洗洁精用软布来擦拭才行。

3. 卫生间吊顶清洗

卫生间的水汽较大，选用卫生间吊顶的时候，注意选择防水性较好的吊顶材料。卫浴间经常用软布擦拭水汽即可。

在卫生间装修中，吊顶材质的设计常常都具备着防水功能，所以对其吊顶的清洗工作可谓是最简洁了，只需用软布擦拭即可。

4. 客厅吊顶清洗

客厅吊顶既少有油渍问题，也很少会有水汽沾上。因此客厅的吊顶清洁主要是除尘，平时用软布等把灰尘去掉即可。

5. 卧室、书房、走廊等的吊顶清洗

除去厨房、卫生间、餐厅吊顶外，其他房间吊顶装饰将不易过脏，清洗时也不需过于太频繁，一季或半年清洗一次即可，其清洗过程也是十分的简洁，用软布蘸点清水擦拭即可。

05 卫浴间装修防潮攻略

“家庭浴室”已成为家居的重要组成，享有它所带来的清新畅快是我们共同的追求。作为用水量较大的功能区域，装修时应该从墙地砖铺设、吊顶（吊顶装修效果图）和设备选择等着手，全面考虑防水防潮的需求。

1. 浴室的墙地砖或石材铺设时应在面层下做足防水，选用水泥砂浆将地面找平，涂质量好的防水涂料，再铺一层 1 ∶ 2 的水泥砂浆作为结合层，将地砖等饰材铺贴上去，在经过浇水后，用木板拍实，达到平整牢固和接缝严密。处理地面面层流水要坡向地漏，不倒泛水、不积水，经 24h 蓄水试验无渗漏方可。

2. 浴室的吊顶建议用有微孔的铝扣板，以加强通风和预防冷凝水，防潮效果较好。若做石膏板吊顶，应先刷防水腻子，再刷防水涂料。另外，用 PVC 吊顶容易产生冷凝水，并且会下滴，所以要慎用。

3. 浴室内管道的安装应尽量避免改动原来上下明管，在装修时必须做到横平竖直、铺设牢固、坡度符合要求。地漏设计仍以上下水管路为基础，表面应略低于地面，推荐选购质量好的防臭地漏。

4. 浴室卫生器具的安装位置要正确，器具上沿要水平。浴室电器应选择有品牌且防水性能较好的产品，如长期在潮湿的环境下使用的沐浴暖灯或浴霸，外壳应由不锈钢制成，防腐性能要好，而且带防水电源开关、电缆及插头。

5. 浴室里应合理规避使用木质材料，确需使用时，应选用防火板或做全混油装饰，均可防水。在做吊顶或其他包裹装修时，暗藏的隐蔽木龙骨均需刷防水涂料或防腐剂。

只要我们重视浴室防潮工作，做好以上几方面，就一定能在完全放心的浴室里享受舒适自然的快乐。

1. 拿出下水器。

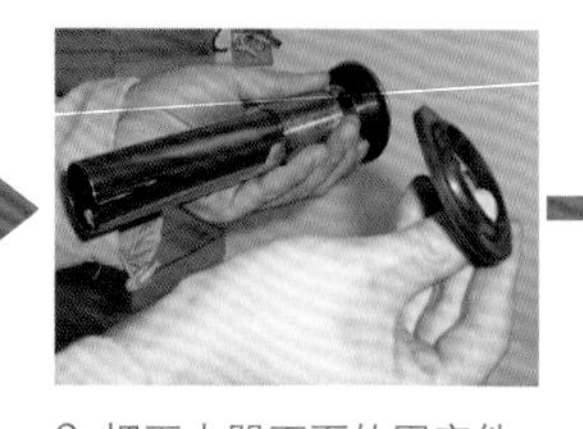

2. 把下水器下面的固定件与法兰拆下。

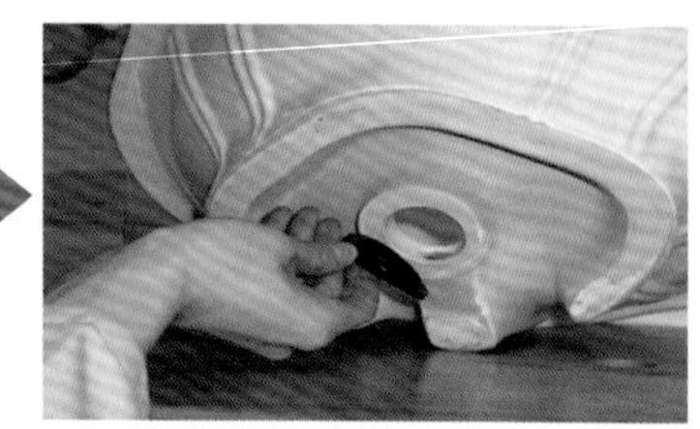

3. 拿起台盆，把下水器的法兰拿出。

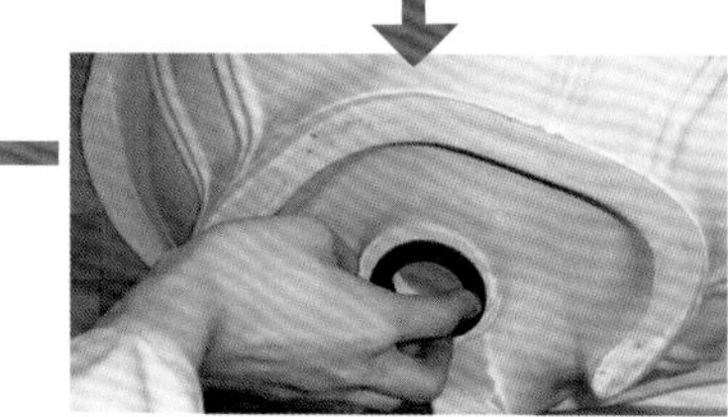

4. 把下水器的法兰扣紧在盆上。

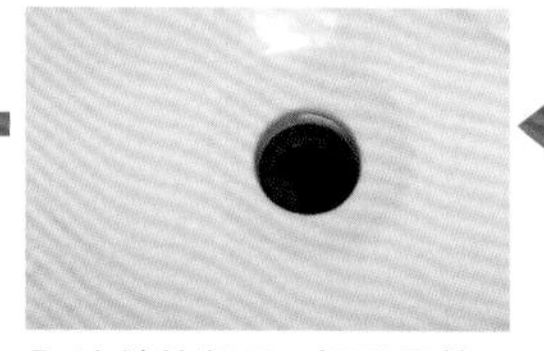

5. 法兰放紧后，把盆平放在台面上，下水口对好台面的口。

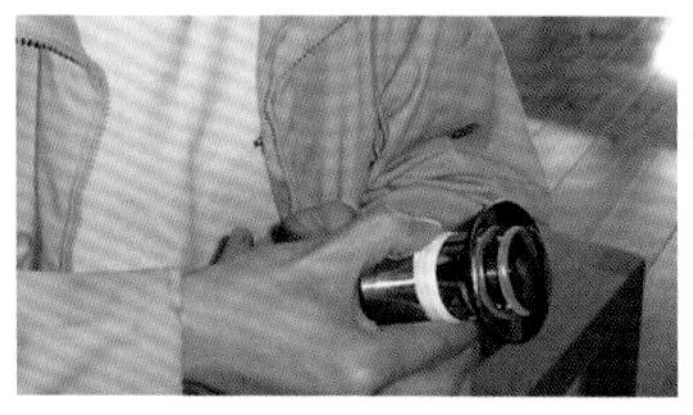

6. 在下水器适当位置缠绕上生料带，防止渗水。

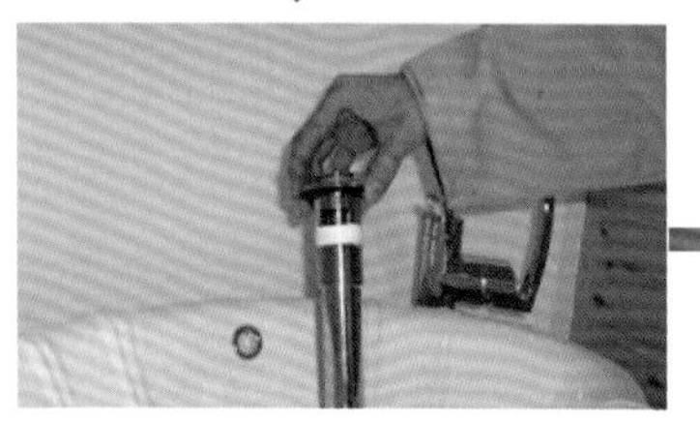

7. 把下水器对准盆的下水口。

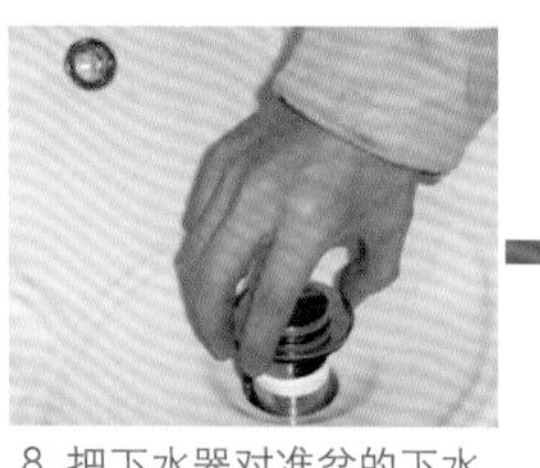

8. 把下水器对准盆的下水口放进去。

9. 把下水器对准盆的下水口，放平整。

10. 把下水器的固定器拿出，拧在下水器上。

11. 用扳手把下水器固定紧。

12. 完成。

06 如何让楼梯走廊更“吸睛”

如果你家有一个狭长的走廊，你是准备让光秃秃的墙面简单地裸露在外面，还是会花上一点心思去设计设计？

“吸睛”设计 1：

家有楼梯那就少不了会有走廊，如果是在顶层的走廊不妨将其上方的顶棚设计成玻璃面，这样能让更多的阳光照进屋内，不仅能提升空间的明亮度，同时在视觉上也是不错的享受。

“吸睛”设计 2：

如果家中的楼梯是半开放式的，那么在设计走廊时就可以将其和这半面的楼梯连接在一起，一个同风格的搁架也许就是个不错的选择，在上面可以放上些许的书籍，还能挂上自己喜爱的装饰。

“吸睛”设计 3：

走廊特别是连接大门和客厅的走廊，也就是玄关是每个进出屋子的人都要经过的，那么不妨在这样的空间中放上一个换鞋凳，在墙面上安上一排挂衣服的挂钩，能提供不少方便。

"吸睛"设计 4：

阳光是每个人都爱的，如果有条件能和阳光做近距离的接触，那么为何不将资源利用起来呢？在走廊的一边设计一个小巧的飘窗就是不错的主意。

"吸睛"设计 5：

将门对面的墙设计上大大的玻璃窗，而和门一边的墙面上则掏出一小部分当作小收纳地，这样的设计巧妙地改变了全封闭式走廊的压抑感，走廊也变得更加敞亮。

"吸睛"设计 6：

两个房间之间的狭小空间只能用来当作走廊了，但是就那样随意的放置着也许会有点不甘心，那么不妨在地面和墙上花点功夫吧，可以在地上铺上一层个性的地毯，在墙面上挂上一些自己喜爱的装饰。

本表是某装修公司针对一套建筑面积 120m² 的房屋列出来的。表中的"金额"（单位为元）包含建材的主材、辅材、人工费。

	名称	单位	数量	单价	金额／元
客厅	地砖	平方米	33	80	2640
	鞋柜	平方米	4.5	320	1440

（续）

	名称	单位	数量	单价	金额/元
客厅	电视柜	米	2	410	820
	装饰柜	米	2	580	1160
	乳胶漆	平方米	100	17	1700
	木器漆	平方米	25	35	875
	踢脚线	米	24	13	312
	造型吊顶	平方米	3	75	225
	石膏线	米	25	6	150
	阳台地砖	平方米	7	60	420
主卧	地板	平方米	16	120	1920
	大衣柜	平方米	7	330	2310
	电视柜	米	1	410	410
	踢脚线	米	17	13	221
	石膏线	米	17	6	102
	木器漆	平方米	35	35	1225
	乳胶漆	平方米	45	17	765
	阳台地砖	平方米	2	60	120
次卧	地板	平方米	10	120	1200
	大衣柜	平方米	9	330	2970
	书桌	米	2	440	880
	书架	只	1	430	430
	石膏线	米	15	6	90
	木器漆	平方米	15	35	525
	乳胶漆	平方米	31	17	527
	踢脚线	米	15	13	195
厨房	地砖	平方米	6	80	480
	墙砖	平方米	20	80	1600
	铝扣板吊顶	平方米	6	75	450

（续）

	名称	单位	数量	单价	金额／元
厨房	铝阴角线	米	10	7	70
	橱柜	米	4.5	390	1755
	吊柜	米	3	350	1050
	立柜	只	1	780	780
	搁板架	只	1	300	300
	石材磨边	米	6	34	204
	石材挖孔	只	2	35	70
	石材门槛	块	1	65	65
主卫	地砖	平方米	6	80	480
	门槛	条	1	65	65
	墙砖	平方米	20	80	1600
	铝扣板吊顶	平方米	6	75	450
	铝阴角线	米	9	7	63
	毛巾架	套	1	36	36
	大理石	米	1.2	85	102
	台板磨边	米	1.5	35	52.5
	台上盆台板打洞	个	1	35	35
	台下柜	米	1.2	320	384
客卫	地砖	平方米	5	80	400
	门槛	条	1	80	80
	墙砖	平方米	18	65	1440
	铝扣板吊顶	平方米	6	75	450
	铝阴角线	米	9	7	63
	毛巾架	套	1	36	36
	大理石	米	1.2	85	102
	台板磨边	米	1.5	35	52.5

（续）

	名称	单位	数量	单价	金额 / 元
客卫	台上盆台板打洞	个	1	35	35
	台下柜	米	1.2	320	384
	壁柜	只	1	400	400
书房	地板	平方米	6	160	960
	书桌	米	1.5	370	555
	书柜	平方米	10	320	3200
	石膏线	米	14	6	84
	木器漆	平方米	20	35	700
	踢脚线	米	10	13	130
	乳胶漆	平方米	18	17	306
水电	15 路开关配电箱	组	1	150	150
	漏电断路器及总开	套	1	180	180
	接地线	卷	3	70	210
	电话线	组	1	350	350
	电视线	组	1	350	350
	网线	米	50	2	100
	1.5 平方线	卷	8	50	400
	2.5 平方线	卷	5	80	400
	粉线槽	组	1	50	50
	暗盒、地漏等辅料	组	1	180	180
	PVC 管及配件	组	1	1100	1100
	下水管及辅材	组	1	250	250
	开关面板	只	40	10	400
	工人工资	项	1	2360	2360

三

（续）

	名称	单位	数量	单价	金额／元
门	安装费	扇	5	50	250
	饰面门套	米	53	65	3445
	大理石窗台板	块	1	235	235
	台板	块	1	100	100
	门套、窗台板上漆	平方米	22	35	770
	门上漆	平方米	24	35	840
小五金	房门合页	付	5	12	60
	门吸	只	5	8	40
	抽屉轨道	付	40	10	400
	暗铰链	只	250	3	750
其他	垃圾清运	项	1	350	350
	材料运输	项	1	300	300
	材料搬运	项	1	500	500
	包立管	根	3	50	150
	敲墙	平方米	10	40	400
	砌墙	平方米	5	50	250
	补修、粉刷	项	1	700	700
管理费	以上费用总和的 4%				2350
总计					61106

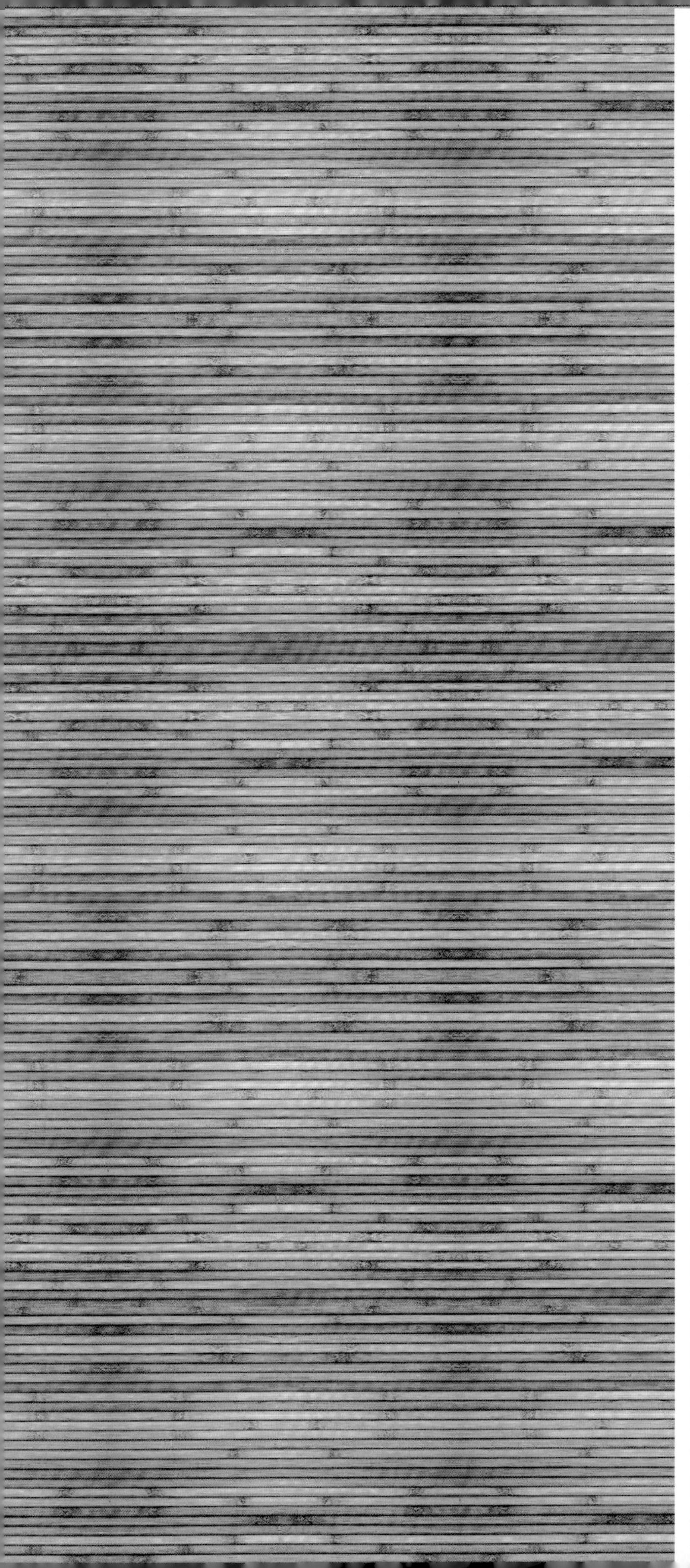

第四章

回答你的顶棚施工常见问题

01 顶棚施工的一般要求和施工流程是什么？

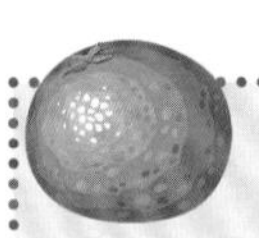

一、顶棚装饰工程施工的一般要求

顶棚装饰的类型很多，材料、构造的不同，其施工技术和施工步骤会有差异。但也有通用的技术要求和施工工艺流程。

1. 吊筋必须有足够的强度和承载力，并且与建筑结构连接牢固。

2. 龙骨必须平直，断面尺寸应合理，吊筋与龙骨的连接必须牢固，并且可以调节。

3. 罩面板安装应牢靠，表面应平整，接缝高差应符合验收规范要求，不得有超过规定的挠度和变形。

4. 吊筋、龙骨及吊顶内隐蔽项目均应符合国家防火规范要求。

二、顶棚装饰施工流程

所有类型的顶棚装饰，都必须遵循以下施工流程。

测量放线 →

安装吊筋 →

安装龙骨

调试固定龙骨 → 安装面板 → 饰面处理

家装小贴士：铝合金T形龙骨系列常用规格

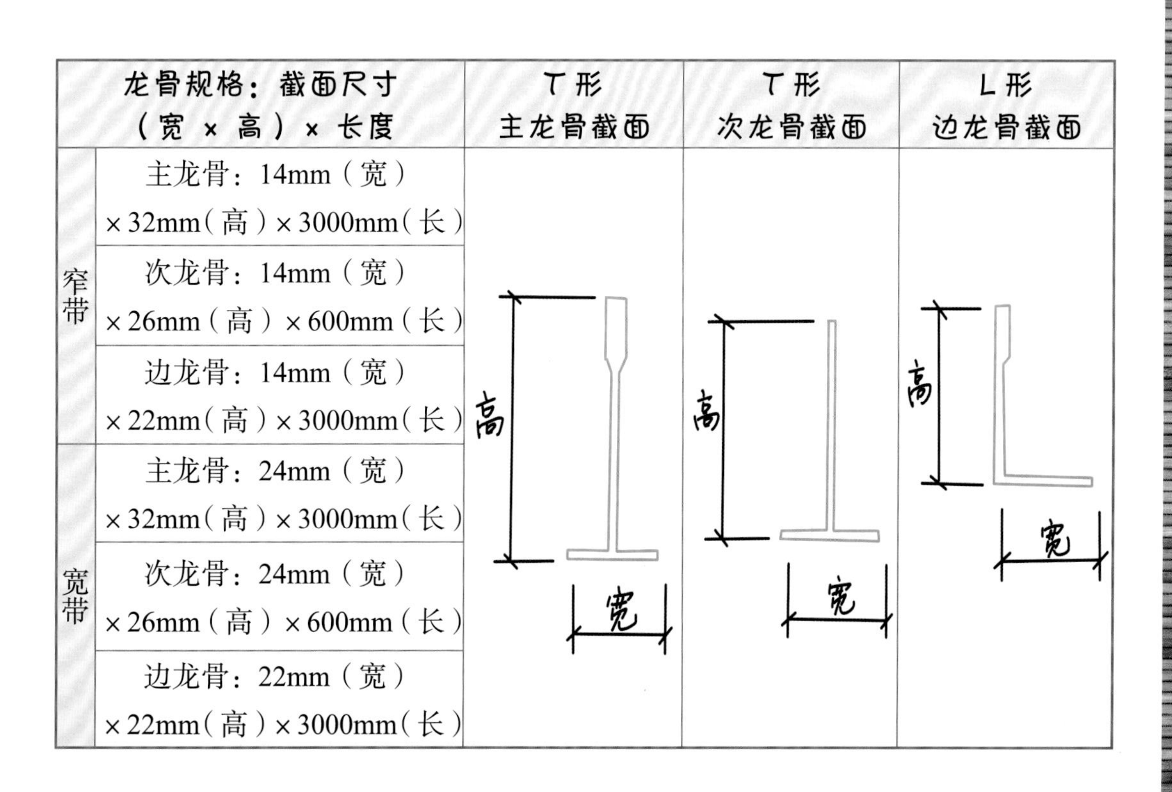

龙骨规格：截面尺寸（宽×高）×长度		T形主龙骨截面	T形次龙骨截面	L形边龙骨截面
窄带	主龙骨：14mm（宽）×32mm（高）×3000mm（长）	高 宽	高 宽	高 宽
	次龙骨：14mm（宽）×26mm（高）×600mm（长）			
	边龙骨：14mm（宽）×22mm（高）×3000mm（长）			
宽带	主龙骨：24mm（宽）×32mm（高）×3000mm（长）			
	次龙骨：24mm（宽）×26mm（高）×600mm（长）			
	边龙骨：22mm（宽）×22mm（高）×3000mm（长）			

02 龙骨知识介绍与选购支招

龙骨是家居装修时比较常用到的材料，它主要用来支撑结构、固定结构，关系到结构的稳固性、安全性以及结构造型的美观。那么龙骨有哪些种类？应该如何选择？下面一起来看看吧。

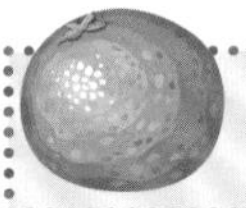

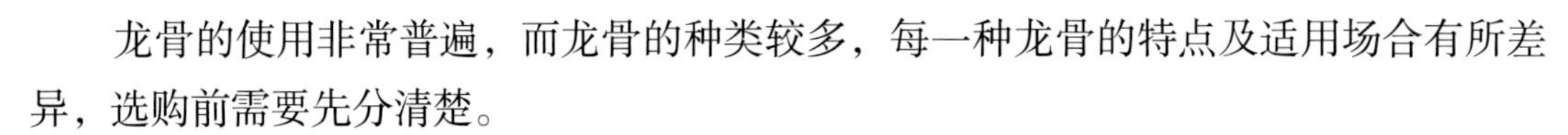

一、龙骨种类知识介绍

龙骨的使用非常普遍，而龙骨的种类较多，每一种龙骨的特点及适用场合有所差异，选购前需要先分清楚。

1. 龙骨的作用

龙骨是用来支撑造型、固定结构的一种建筑材料，是家里很多装饰物、造型、立面、地面或顶面的骨架，它支撑并固定着这些结构。

2. 龙骨常见分类

(1) 根据制作材料分类

根据制作材料的不同，龙骨可分为木龙骨、轻钢龙骨、铝合金龙骨、钢龙骨等多种。其中木龙骨和轻钢龙骨是目前使用最广泛的两种龙骨材质，因此在本节中将侧重介绍这两种材质的特点与选购等。

木龙骨

轻钢龙骨

铝合金龙骨

钢龙骨

（2）按根据使用部位分类

根据使用部位来划分，又可分为吊顶龙骨、竖墙龙骨、铺地龙骨以及悬挂龙骨等。

吊顶龙骨

竖墙龙骨

铺地龙骨

悬挂龙骨

（3）根据施工工艺分类

根据施工工艺不同，还有承重及不承重龙骨，即上人龙骨和不上人龙骨等。

（4）根据规格及造型分类

每种龙骨的规格及造型的不同，龙骨的种类千差万别，琳琅满目。就轻钢龙骨而言，根据其型号、规格及用途的不同，就有 T 形、C 形、U 形、L 形龙骨等。

二、木龙骨选购注意事项

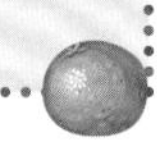

龙骨是装修吊顶中不可缺少的部分，其中木龙骨和轻钢龙骨是现今市场上用得比较多的。下面我们首先来看看木龙骨选购注意事项。

1. 木龙骨特点介绍

优点：木龙骨最大的优点是价格便宜，且比较容易做出各种造型。因此目前大部分客厅、餐厅吊顶还采用木龙骨。此外，实木地板铺设时，由于实木容易变形，最好采用木龙骨架住，使其不易变形。

缺点：木龙骨易燃，在作为吊顶和隔墙龙骨时，需要在其表面再刷上防火涂料；此外作为实木地板龙骨时，需要进行相应的防霉处理，因为木龙骨比实木地板更容易腐烂，腐烂后产生的霉菌会产生异味。

2. 木龙骨的规格

木龙骨是家庭装修中一种常用基材，它是用成型板材经剖切净面加工而成的，一般有 2cm × 3cm、3cm × 4cm、3cm × 5cm、4cm × 6cm 等型号，选材上可分为白松木、红松木、马尾松及硬杂木等种类。

3. 木龙骨选购要点

（1）仔细挑

购买木龙骨时会发现商家一般是成捆销售，这时一定要把捆打开一根根挑选。

（2）查外观

选购木龙骨时，选择结疤少，无虫眼的。如果木疤节大且多，螺钉、钉子在木疤节处会拧不进去或者钉断木方，容易导致结构不牢固。

（3）看切面

看所选木龙骨横切面的规格是否符合要求，头尾是否光滑均匀，不能大小不一。同时木龙骨必须平直，不平直的木龙骨容易引起结构变形。

（4）选含水率

一定要检查木龙骨的含水率，一般不能超过当地平均含水率，在选购的时候可以通过咨询店员得知。在南方地区，木龙骨含水率也不能太低，在14%左右为好。

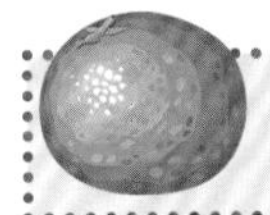

三、轻钢龙骨选购注意事项

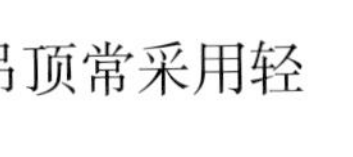

轻钢龙骨是家装工程中最常用的顶棚和隔墙的骨架材料，比如厨卫吊顶常采用轻钢龙骨。下面一起来看看轻钢龙骨选购时需注意什么。

1. 轻钢龙骨特点介绍

优点：轻钢龙骨一般是用镀锌钢板冷弯或冲压而成，是木龙骨的升级产品，主要优点是防火、防潮、强度大、施工效率高、安全可靠、抗冲击和抗震性能好，可提高防热、隔声效果。

缺点：轻钢龙骨较木龙骨价格高，同时装修时占用的顶面空间会较大，此外，轻钢龙骨只能做直线条，不能做特殊造型。

2. 轻钢龙骨选购要点

目前，轻钢龙骨已经得到越来越多的消费者的青睐，下面来看看，选购轻钢龙骨时需要注意些什么。

（1）选断面形状

选择轻钢龙骨的时候，先要根据自己的用途选择对应的形状。轻钢龙骨按断面形式有U形、C形、T形、L形等几种。U形龙骨和C形都属于承重型龙骨，可做隔断龙骨。U形作为主龙骨支撑，C形作为横撑龙骨卡接。T形龙骨和L形一般用于不上人吊顶，T形龙骨用于主龙骨和横撑龙骨，L形为边龙骨。

（2）选轻钢龙骨厚度

轻钢龙骨不能选择低于0.6mm厚度的产品。选购时可看产品的规格说明，并通过肉眼和手感判断铝扣板的厚度。

（3）检查轻钢龙骨镀锌工艺

为防止生锈轻钢龙骨两面应镀锌，选择时应挑选镀锌层无脱落，无麻点的。这样的合格产品在防潮性上才有保障。

（4）观察轻钢龙骨上的“雪花”

品质较好的轻钢龙骨经过镀锌后，表面呈雪花状。选购吊顶时可注意龙骨是否有雪花状的镀锌表面，并且雪花图案清晰、手感较硬、缝隙较小即属于质量较好的龙骨。

03 什么是顶棚变形缝?

为了防止因气温变化、不均匀沉降以及地震等因素造成对建筑物的使用和安全影响，设计时预先在变形敏感部位将建筑物断开，分成若干个相对独立的单元，且预留的缝隙能保证建筑物有足够的变形空间，设置的这种构造缝称为变形缝。

变形缝按功能可分为：伸缩缝、沉降缝和防震缝。

1. 伸缩缝

伸缩缝是在长度或宽度较大的建筑物中，为避免由于温度变化引起材料的热胀冷缩导致构件开裂，而沿建筑物的竖向将基础以上部分全部断开的垂直缝隙。

伸缩缝根据建筑物的长度、结构类型和屋盖刚度以及屋面是否设保温或隔热层来考虑。

有关规范规定砌体结构和钢筋混凝土结构伸缩缝的最大间距一般为 50 ~ 75mm，伸缩缝的宽度一般为 20 ~ 30mm。

2. 沉降缝

为减少地基不均匀沉降对建筑物造成危害，在建筑物某些部位设置从基础到屋面全部断开的垂直缝称为沉降缝。以下情况需要设置沉降缝。

① 地基土质不均匀。

② 建筑物本身相邻部分高差悬殊或荷载悬殊。

③ 建筑物结构形式变化大。

④ 新老建筑相邻（或扩建项目）等。

⑤ 结构复杂，连接部位薄弱。

沉降缝

沉降缝

原有建筑

3. 防震缝

防震缝是为了防止建筑物的各部分在地震时相互撞击造成变形和破坏而设置的垂直缝。针对的是地震时容易产生集中而引起建筑物结构断裂，发生破坏的部位。以下情况需要设置防震缝。

① 在地震烈度≥ 8 度的地区。

② 房屋立面高差在 6m 以上。

③ 房屋有错层，并且楼板高差较大。

④ 各组成部分的刚度截然不同。

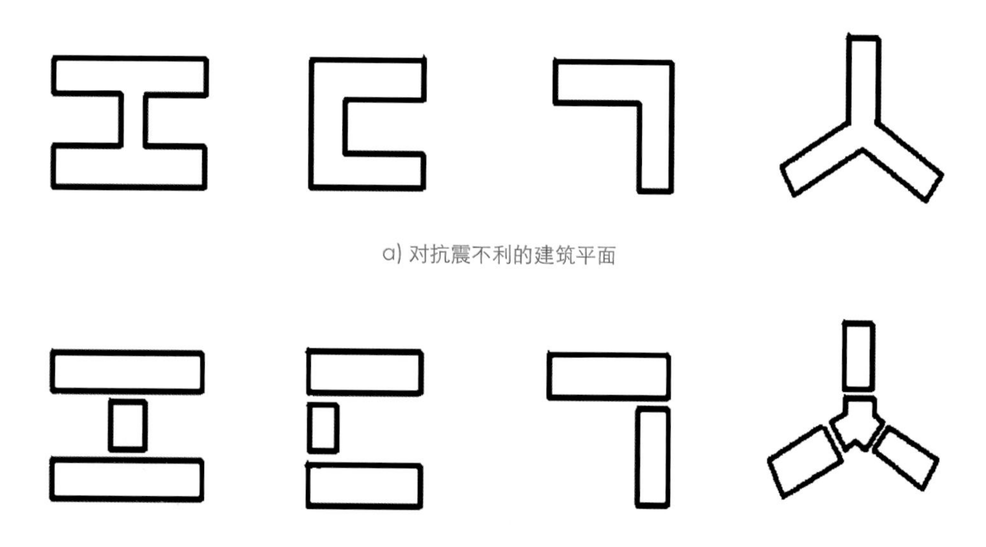

a) 对抗震不利的建筑平面

b) 用抗震缝分割成独立建筑单元

按建筑物使用部位分为：楼地面变形缝、外墙变形缝、内墙变形缝、顶棚变形缝、屋面变形缝、玻璃幕墙变形缝。

楼地面变形缝

顶棚变形缝

外墙变形缝

04 如何防止顶棚塌落

顶棚抹灰层空鼓、脱落的问题向来是工程质量的一种通病，虽然这种问题不会影响整个结构的安全，但是给住户的生活带来的诸多不便和影响是不可忽视的，轻则影响美观，重则发生顶棚抹灰层脱落伤人事件。

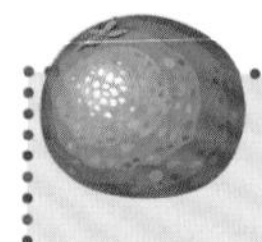

一、顶棚空鼓及塌落的原因

1. 基层处理不当

顶棚的抹灰层与基层之间必须粘结牢固，顶棚空鼓大部分与基层处理不当而进行批挡抹灰有关，基层处理不当主要有以下几点。

（1）基层不干净、有脱模剂、油渍等

例如：由于木模板经多次周转使用，表面面层容易脱胶起皮，或者在模板上刷油、脱模剂等。拆模后，残留的木模面层和油污、脱模剂等容易附着在混凝土的表面，如果没有进行彻底检查，对基层没有清理干净而直接进行批挡抹灰施工，则必然引起批挡层的自动隔离，从而造成空鼓、脱落。

（2）面层批挡时，基层浇水润湿不够

基层润湿不够会造成批挡时砂浆中的水分过快被基层吸收，使批挡砂浆中的水泥未能充分水化成水泥石，影响粘结力，造成粘结不牢固，也容易造成空鼓、脱落。

2. 材料选用或使用不当引起

材质使用前未做检验，材质未按规范规定要求控制，水泥不符合要求，沙子级配选用不当，砂浆配合比不准，稠度控制不好，这些材料方面的因素也容易造成顶棚空鼓、脱落。

3. 施工工艺和施工过程中其他方面的影响

（1）板底筋保护层厚度不足的影响

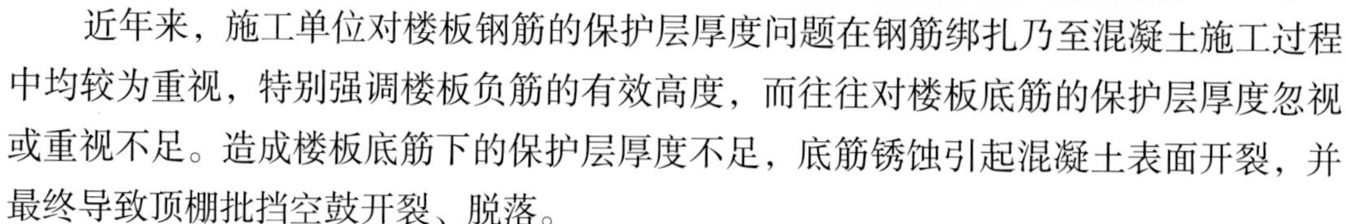

近年来，施工单位对楼板钢筋的保护层厚度问题在钢筋绑扎乃至混凝土施工过程中均较为重视，特别强调楼板负筋的有效高度，而往往对楼板底筋的保护层厚度忽视或重视不足。造成楼板底筋下的保护层厚度不足，底筋锈蚀引起混凝土表面开裂，并最终导致顶棚批挡空鼓开裂、脱落。

（2）批挡时机不当的影响

很多工程为了赶工期，施工单位往往在拆模后不久便进行天花板批挡，此时上面一层结构楼板模板支撑还未拆除，至批挡完成凝固初期，又可能适逢上层模板支撑拆除，期间施工振动荷载对下层楼板影响，也容易引起下层顶棚空鼓。

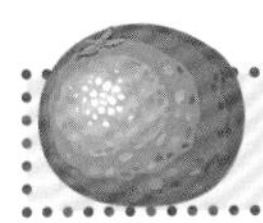

二、防止顶棚空鼓及塌落的措施

1. 对基层的处理

对混凝土表面应进行毛化处理。毛化处理前要先将混凝土表面上的尘土、污垢清扫干净，并用清水冲洗干净，用清水洗还可以起到湿润基层的作用，使毛化处理的砂浆与混凝土板底附着力增强。

2. 材料方面

严格控制水泥、砂子等原材料，批挡砂浆配合比应按设计要求。对于批挡选用的砂子必须满足：底层和中间层砂浆选用粒径小于 2.6mm 的，面层用小于 1.2mm 的，砂浆配合比一般采用 1 ∶ 1 ∶ 6（水泥∶石灰∶砂）。

3. 施工工艺方面

由于建筑工程质量通病是环环相扣的，必须从每一道工序都严把质量关，才有可能消除质量隐患，从木模安装和钢筋混凝土施工的工艺开始就要重视。

在施工安排上，顶棚批挡宜在上一层结构楼板拆模后进行，并应嘱咐施工工人在材料搬运的过程中轻拿轻放，避免对下层顶棚新批挡造成过大振动。批挡完成后应加强养护，防止水分蒸发过快及砂浆凝结过程中吸水收缩引起空鼓开裂。基层批挡抹灰应分层赶平，每遍抹灰应控制在 5 ~ 6mm，尽量避免一次抹灰过厚，造成内外收水快慢不同，产生开裂甚至空鼓、脱落。

悬吊式顶棚的构造一般由三个部分组成：吊杆、骨架、面层。

1. 吊杆的作用

承受吊顶面层和龙骨架的荷载，并将重力传递给屋顶的承重结构。吊杆的材料：大多使用钢筋。

2. 骨架作用

承受吊顶面层的荷载，将荷载通过吊杆传给屋顶承重结构。骨架的材料：有木龙骨架、轻钢龙骨架、铝合金龙骨架等。骨架的结构：主要包括主龙骨、次龙骨和搁栅、次搁栅、小搁机所形成的网架体系。轻钢龙骨和铝合金龙骨有 T 形、U 形、L 形及各种异型龙骨等。

3. 面层的作用

装饰室内空间，以及吸声、反射等功能。面层的材料：纸面石膏板、纤维板、胶合板、钙塑板、矿棉吸音、铝合金等金属板、PVC 塑料板等。面层的形式：条形、矩形等。

1. 边龙骨固定

2. 吊杆固定

3. 主龙骨安装

4. 次龙骨安装

5. 间距龙骨安装

6. 石膏板固定

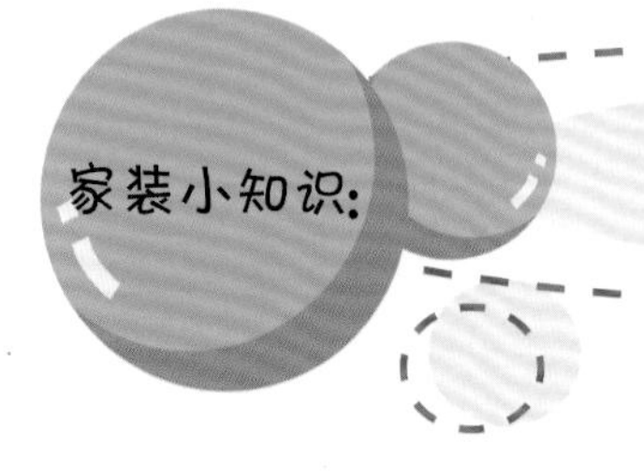

家装小知识：水电路改造流程

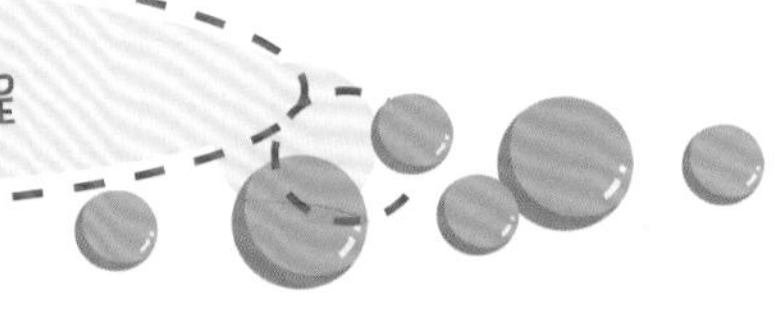

1. 现场定位确认水电路走向与使用功能。

2. 工人按照水电路走向弹墨线。
3. 用专业工具在墙体开槽。
4. 用专业工具在墙体安装管路固定卡子。
5. 用专业工具对管件进行热熔连接。
6. 水路打压测试、电路通电检测。

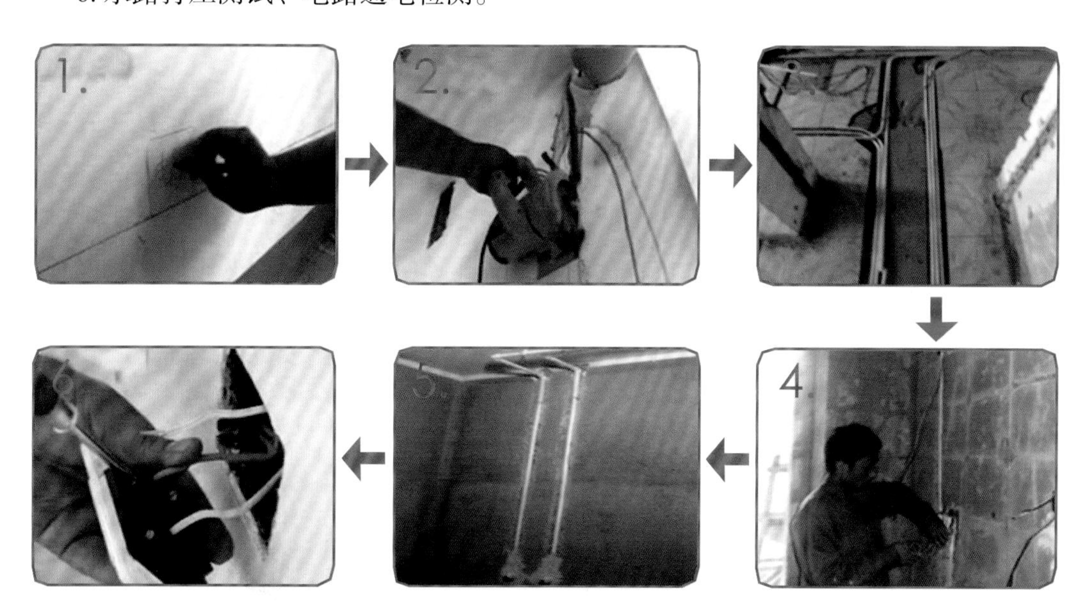

05 木质顶棚内刷防火涂料存在的问题

目前对木质装修的防火处理一般使用的方法有两种：涂覆饰面型防火涂料和进行阻燃浸渍处理。相对来说，最有效的方法是加压浸渍法，但对设备的要求较高，且无法在现场操作，现在已经基本不被采用。而在现场涂刷阻燃剂对木质装修材料进行处理，对施工要求较高，并会对木质装修材料产生一定的破坏，特别是会影响后续的装饰效果，一般只在隐蔽部位实施。涂覆饰面型防火涂料的操作比较简便，是目前最常用的处理方法，但在具体使用中常常未能起到应有的保护作用，留下了隐患。主要存在以下两方面问题。

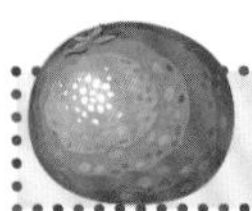

一、涂覆处理不到位，起不到应有的防火作用

涂覆处理不到位主要有两种情况：一是应该涂覆的部位未进行涂覆；二是涂覆不足。在对装修工程验收时，我们经常可以发现许多木质装修材料未经防火处理，或者只是表面薄薄地涂覆了一层防火涂料，有些甚至连木质的颜色都未能完全覆盖。

许多施工队伍在施工过程中缺少对涂料施工要求的控制，较常见的有以下几种情况。

1. 饰面型防火涂料需多遍涂刷，一般需要涂刷 4 ~ 5 遍才能达到规定的涂覆比。实际施工中常常未按预定方案流水作业，造成多涂或漏涂，导致涂层厚度不均匀。

2. 施工环境温度过低，湿度过大或雨天施工，稀释剂无法正常挥发。

3. 涂料中稀释剂掺量过多，降低了涂料正常施工黏度，涂料不能附着在木质装修或涂层表面。

4. 涂刷工具选用不当，一次涂刷过厚，影响涂层效果。

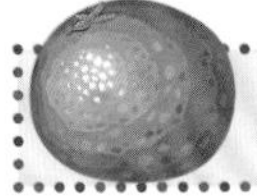

二、防火涂料质量参差不齐，无法保证防火效果

饰面型防火涂料的生产工艺较简单，对生产设备要求不高，进入的门槛较低，生

产厂家较多。由于企业的规模较小，质量管理体系不够完善，因此防火涂料的质量很不稳定。

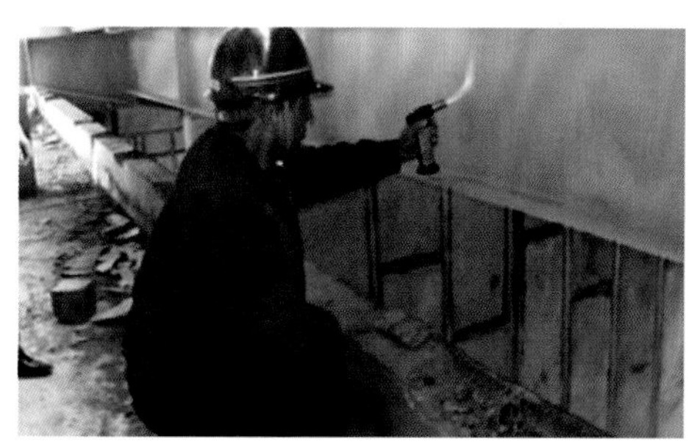

根据《建筑内部装修设计防火规范》（GB50222—1995）第2.0.5条规定："当胶合板表面涂覆一级饰面型防火涂料时，可作为B1级装修材料使用。当胶合板用于顶棚和墙面装修并且不内含电器、电线等物体时，宜仅在胶合板外表面涂覆防火涂料；当胶合板用于顶棚和墙面并且内含有电器、电线等物体时，胶合板的内、外表以及相应的木龙骨应涂覆防火涂料，或采用阻燃浸渍处理达到B1级。"这包含以下几层含义：（1）涂覆一级饰面型防火涂料后，木质装修材料能达到B1级；（2）必须是在可能的向火面一侧涂覆；（3）可采用阻燃浸渍处理的方法对木质装修材料进行处理达到B1级。

表4-1 饰面型防火涂料防火性能级别与指标

防火性能分级	耐燃时间/min	火焰传播比值	阻火性	
			质量损失/g	炭化体积/cm³
一级	≥20	≤25	≤5	≤25
二级	≥10	≤75	≤15	≤75

06 顶棚施工质量验收标准

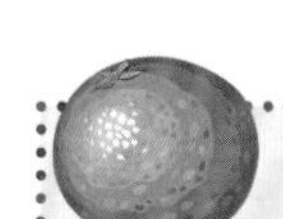

一、暗龙骨质量验收标准

暗龙骨吊顶是指龙骨被饰面板完全遮盖的吊顶，其罩面材料通常为纸面石膏板、金属板、胶合板、塑料板等。轻钢龙骨纸面石膏板吊顶是最为典型的暗龙骨吊顶。

表 4-2　暗龙骨质量标准

分项	质量标准	检验方法
主控项目	1. 吊顶标高、尺寸、起拱和造型应符合设计要求	观察、尺量检查
	2. 饰面材料的材质、品种、规格、图案和颜色应符合设计要求	观察、检查产品合格证书、性能检测报告、进场验收记录和复验报告
	3. 吊杆、龙骨和饰面材料的安装必须牢固	观察、手板检查、检查隐蔽工程验收记录和施工记录
	4. 吊杆、龙骨的材质、规格、安装间距及连接方式应符合设计要求。金属吊杆、龙骨应经过表面防腐或防锈处理；木吊杆、龙骨应进行防腐、防火处理	观察、尺量检查、检查产品合格证书、性能检测报告
	5. 石膏饰面板接缝必须按照要求进行防裂处理。双层石膏板接缝应错开，不得在同一龙骨上接缝	观察
一般项目	1. 饰面材料表面应洁净、色泽一致，不得有翘曲、裂缝及缺损，压条应平直、宽窄一致	观察、尺量检查
	2. 饰面板上的灯具、烟感器、喷淋头、风口篦子等设备的位置应合理、美观，与饰面板的交接吻合、严密	观察
	3. 金属吊杆、龙骨的接缝应均匀一致，角缝应吻合，表面应平整，无翘曲、锤印。木质吊杆、龙骨应顺直，无劈裂、变形	检查隐蔽工程验收记录和施工记录
	4. 吊顶内填充吸声材料的品种和铺设厚度应符合设计要求，并应有防散落措施	检查隐蔽工程验收记录和施工记录

表 4-3 暗龙骨吊顶安装允许偏差和检验方法

项目		允许偏差 /mm						检验方法
		纸面石膏板		金属板		格栅		
		国标、行标	企标	国标、行标	企标	国标、行标	企标	
龙骨	龙骨间距	2.0	2.0	2.0	2.0	2.0	2.0	尺量检查
	龙骨平直	3.0	3.0	2.0	2.0	2.0	2.0	尺量检查
	起拱高度	3.0	3.0	3.0	3.0	3.0	3.0	拉线尺量
	龙骨四周水平	5.0	5.0	3.0	3.0	5.0	5.0	尺量或用水准仪检查
面板	表面平整	3.0	2.5	2.0	1.5	2.0	1.5	用 2m 靠尺及塞尺检查
	接缝平直	3.0	2.0	1.5	1.5	3.0	2.0	拉 5m 线检查
	接缝高低差	1.0	1.0	1.0	1.0	1.0	1.0	用直尺或塞尺检查
	顶棚四周水平	5.0	5.0	5.0	5.0	5.0	5.0	拉线或用水准仪检查
压条	压条平直	2.0	2.0	2.0	2.0	2.0	2.0	拉 5m 线检查
	压条间距	2.0	2.0	2.0	2.0	2.0	2.0	尺量检查

二、明龙骨质量验收标准

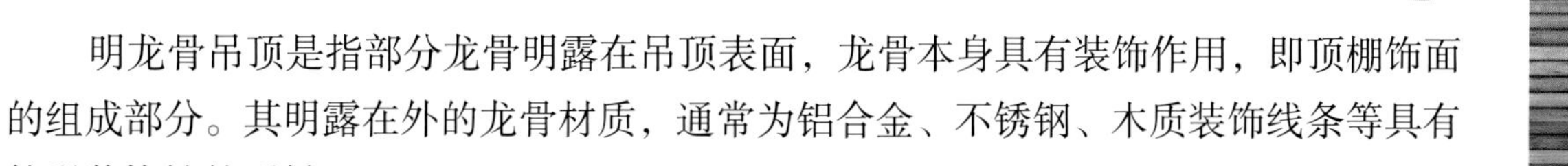

明龙骨吊顶是指部分龙骨明露在吊顶表面，龙骨本身具有装饰作用，即顶棚饰面的组成部分。其明露在外的龙骨材质，通常为铝合金、不锈钢、木质装饰线条等具有较强装饰性的型材。

表 4-4 明龙骨质量标准

分项	质量标准	检验方法
主控项目	1. 吊顶标高、尺寸、起拱和造型应符合设计要求	观察、尺量检查
	2. 饰面材料的材质、品种、规格、图案和颜色应符合设计要求。当饰面材料为玻璃板时，应使用安全玻璃或采取可靠的安全措施	观察、检查产品合格证书、性能检测报告、进场验收记录和复验报告

（续）

分项	质量标准	检验方法
主控项目	3. 饰面材料的安装应稳固严密。饰面材料与龙骨的搭接宽度应大于龙骨受力面宽度的 2/3	观察、手板检查、检查隐蔽工程验收记录和施工记录
	4. 吊杆、龙骨的材质、规格、安装间距及连接方式应符合设计要求。金属吊杆、龙骨应经过表面防腐或防锈处理；木吊杆、龙骨应进行防腐、防火处理	观察、尺量检查、检查产品合格证书、性能检测报告、进场验收记录和检查隐蔽工程验收记录
	5. 明龙骨吊顶工程的吊杆和龙骨安装必须牢固。吊杆及主、次龙骨和撑档龙骨的安装、连接方式必须正确，牢固无松动	手板检查、检查隐蔽工程验收记录和施工记录
一般项目	1. 饰面材料表面应洁净、色泽一致，不得有翘曲、裂缝及缺损，压条应平直、宽窄一致	观察、尺量检查
	2. 饰面板上的灯具、烟感器。喷淋头、风口篦子等设备的位置应合理、美观，与饰面板的交接吻合、严密	观察
	3. 金属吊杆、龙骨的接缝应均匀一致，角缝应吻合，表面应平整，无翘曲、锤印。木质吊杆、龙骨应顺直，无劈裂、变形	观察
	4. 吊顶内填充吸声材料的品种和铺设厚度应符合设计要求，并应有防散落措施	检查隐蔽工程验收记录和施工记录

表 4-5 暗龙骨吊顶安装允许偏差和检验方法

项目		允许偏差 /mm						检验方法
		矿棉板		玻璃板		硅钙板		
		国标、行标	企标	国标、行标	企标	国标、行标	企标	
龙骨	龙骨间距	2.0	2.0	2.0	2.0	2.0	2.0	尺量检查
	龙骨平直	3.0	3.0	2.0	2.0	2.0	2.0	尺量检查
	起拱高度	3.0	3.0	3.0	3.0	3.0	3.0	拉线尺量
	龙骨四周水平	5.0	5.0	3.0	3.0	5.0	5.0	尺量或用水准仪检查
面板	表面平整	3.0	3.0	2.0	1.5	2.0	2.0	用 2m 靠尺及塞尺检查
	接缝平直	3.0	3.0	3.0	2.0	2.0	1.5	拉 5m 线检查
	接缝高低差	2.0	1.5	1.0	0.5	1.0	1.0	用直尺或塞尺检查
	顶棚四周水平	2.0	2.0	2.0	2.0	2.0	2.0	拉线或用水准仪检查
压条	压条平直	1.5	1.5	1.5	1.5	1.5	1.5	拉 5m 线检查
	压条间距	1.0	1.0	1.0	1.0	1.0	1.0	尺量检查

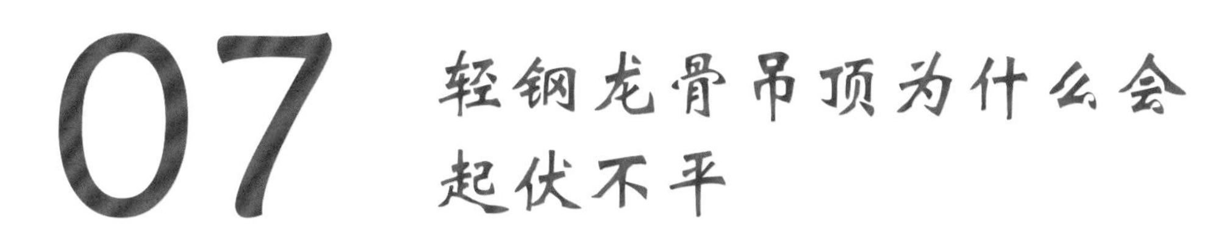

07 轻钢龙骨吊顶为什么会起伏不平

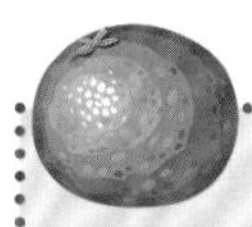

一、顶棚不平的原因

吊顶不平是最为常见的问题，施工完成后经过一段时间，常有吊顶大面积或局部产生下垂、变形，或者整体波浪状起伏，严重影响了吊顶的质量和效果，而且此类问题不易修复，基本只能进行返工处理。该问题产生原因分析如下。

1. 吊杆不平，安装时高度不一致，或者安装时不在同一条直线上，使吊杆受力不匀；主龙骨安装时，吊杆调平不认真，造成各吊杆点的标高不一致。

2. 吊杆安装不牢，局部松脱，造成吊顶变形。

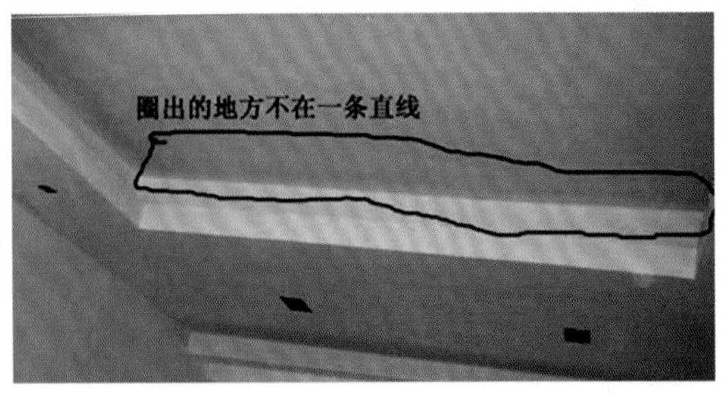

3. 吊杆间距过大，或是吊顶内的各种管道、管线等未安装专用吊杆而是和吊顶共用吊杆，使局部吊杆受力过大产生松脱下坠。

4. 吊顶面板本身质量不过关，产生变形。

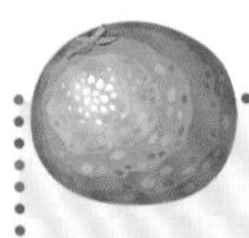

二、如何避免顶棚不平

1. 严把质量关，杜绝不合格材料的入场和使用，从源头上进行质量控制。轻钢龙骨、吊杆等都必须进行防锈或镀锌处理，吊杆直径、龙骨厚度都必须符合设计要求和规范规定，面板要有合格证书、出厂报告等。

2. 吊杆安装前，弹好顶棚标高水平线及龙骨位置线，确定吊杆下端头的标高，龙骨位置及吊杆间距，在主龙骨安装时，认真调平吊杆，在设计无要求时候，吊杆间距一般控制在 0.8 ~ 1.1m，基本不超过 1.2m。

3. 对安装在顶棚内的各种管线及通风道、灯位等，进行加装吊杆，不得和吊顶共用吊杆。

4. 吊杆距主龙骨端部距离不得大于 30cm，当大于 30cm 时，应增加吊杆。当吊杆长度大于 1.5m 时，应设置反支撑。在两根主龙骨接头处应增设吊杆。

5. 为了保护成品，吊顶材料在入场存放、使用过程中应严格管理，保证不变形、不受潮、不生锈，已安装完毕的轻钢骨架不得上人踩踏，其他工种吊挂件，不得吊于轻钢骨架上，面板安装必须在棚内管道试水、保温等一切工序全部验收后进行。

6. 在大面积施工前，建议先做样板间，对顶棚的起拱度、灯位，分区进行验收认可后再施工。

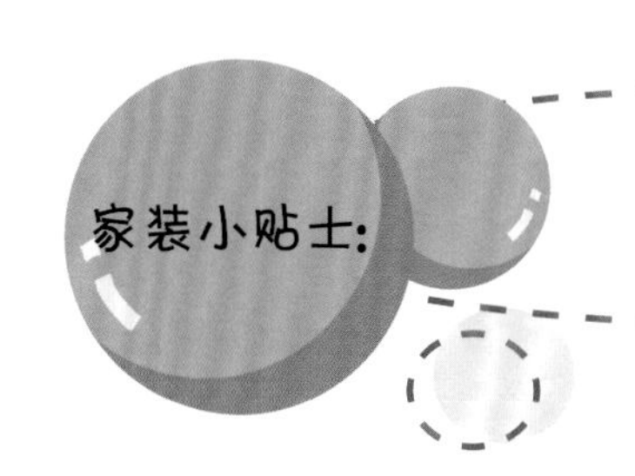
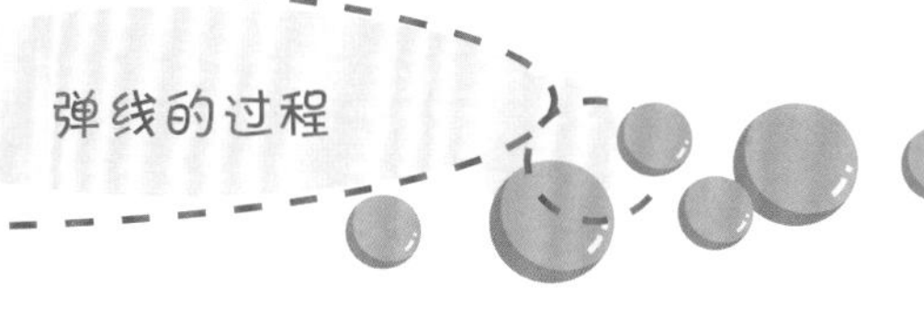

家装小贴士：弹线的过程

1. 用水平仪测量，并标出线的位置。

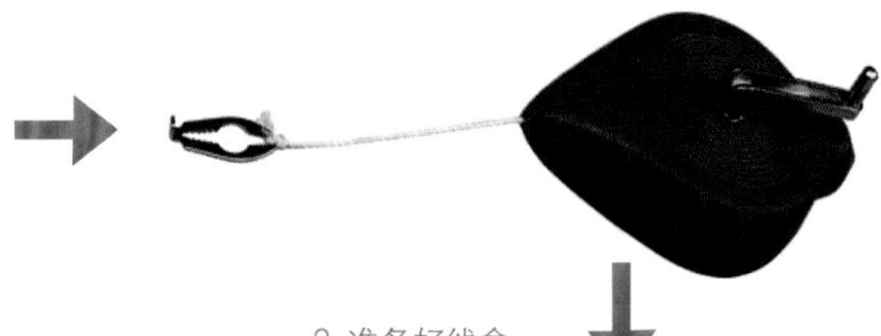

2. 准备好线盒。

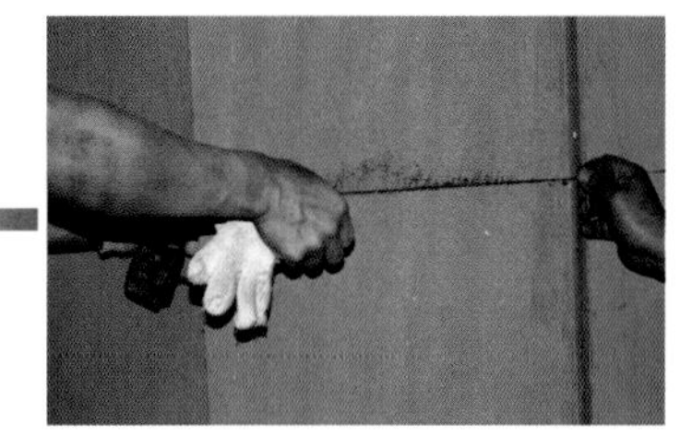

3. 两人合作拉线。

4. 弹线。

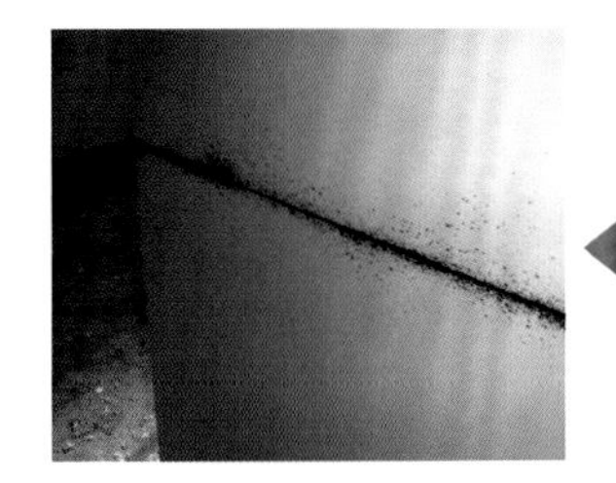

5. 弹线后的墙面。

08 顶棚开裂如何处理

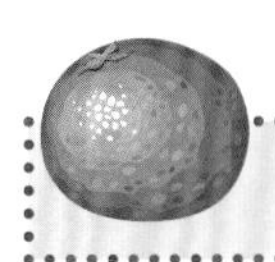

一、顶棚开裂的原因

吊顶是比较容易出现裂缝的地方，很多装修过的业主家应该都会存在这个问题。那为什么吊顶会容易开裂呢？原因会有很多，下面详细来看看。

1. 施工材料不过关

（1）骨架材料

如果骨架材料质量达不到要求，将直接影响整个骨架牢固程度，是产生吊顶开裂和变形的重要原因。例如龙骨和吊杆的刚度和直线度不够，就会产生内应力，内应力在释放的过程中石膏板必然会产生变形或开裂。

（2）覆面材料

常用的覆面材料是纸面石膏板，其靠高强自攻螺钉与龙骨紧密地固定在一起，如果石膏板达不到质量要求，石膏板和龙骨之间就不能牢固地固定，当有外力作用时，石膏板接缝处会产生剪切力，导致板接缝开裂。

（3）嵌缝材料

嵌缝材料包括接缝带和嵌缝腻子。接缝带要求具有良好的粘结性和强度。嵌缝腻子不但要求具有很好的强度和粘结性，而且还要有一定的韧性和良好的施工性能。如果都达不到以上性能要求，不可避免地要产生裂缝。

接缝带

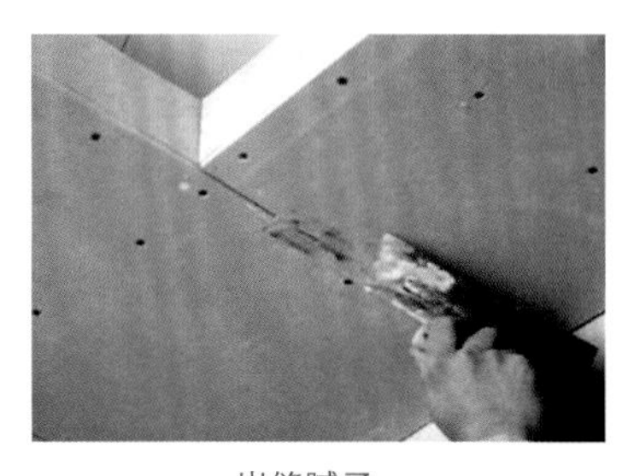
嵌缝腻子

（4）吊杆

吊杆本身弯曲，安装一段时间后，在板材的重力作用下，它逐渐被拉直，从而引起副龙骨和石膏板面层产生不均匀下沉，造成接缝处出现裂缝。

吊顶施工使用到的材料较多，如果材料出现问题，吊顶自然会比较容易出现问题。上表中列出的吊顶材料都可能造成吊顶开裂。

2. 安装施工不规范

当吊顶的龙骨和石膏板安装不当时就会产生应力，产生的应力在吊顶工程完工后会慢慢释放，而当应力大于紧固力时，就容易导致石膏板接缝等处出现裂缝。

（1）吊杆安装不规范

安装吊杆时，没有正确放线就拉爆螺栓固定吊杆；在安装龙骨时，当发现吊杆位置不适当，不是重新安装吊杆，而是将吊杆折弯处理，这样龙骨就存在应力，给日后吊顶开裂埋下隐患。

（2）石膏板固定不当

在安装石膏板时，如果没有按照规范从中间向四边上螺丝，而是从四边多处同时上螺丝，这时石膏板会产生应力，如果应力足够大，也会造成开裂；此外，如果固定石膏板的螺丝间距过大或者一些螺丝位置虽然正确，但没有紧固住，也会导致开裂。

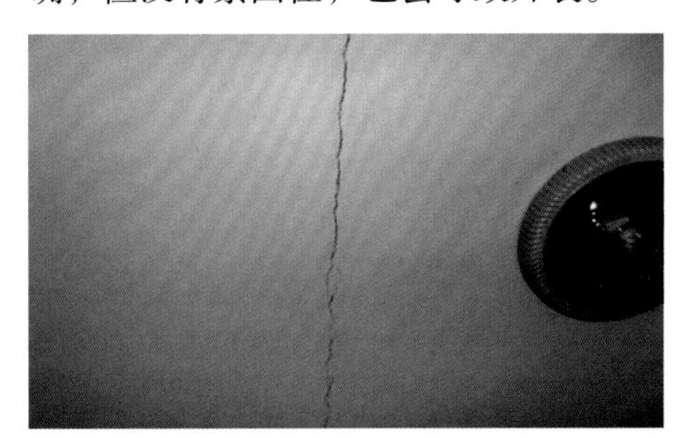

（3）防潮处理不到位

如果采用的是木龙骨，当防潮处理没有做好时，木料就比较容易受潮变形，从而导致吊顶开裂。此外石膏板也是比较容易受潮的，在安装螺丝钉固定时，如果钻孔不慎，将板钻裂，这样石膏板就比较容易变形，导致吊顶表面产生裂缝。

（4）刮腻子工序不当

如果石膏板与墙、木夹板等温缩或者干缩不同，材料的接口处理不当，就会容易导致接缝腻子开裂。比如腻子干燥太快、接缝太长、腻子凝固太慢、腻子层太厚等原因都可能出现裂缝。

3. 成品保护不到位

当吊顶基础工程完成之后，可能还有其他工种工序。如果衔接工作不协调，混乱作业，相互干涉，后道工序野蛮施工，就比较容易造成吊顶开裂。比如开灯具孔时，没有保护措施，引起吊顶振动，而导致裂缝出现。此外入住后的日常维护修理吊顶内部隐藏管线、设备时，如果没有规范作业，也很容易造成龙骨变形或饰面受损，使得吊顶开裂。

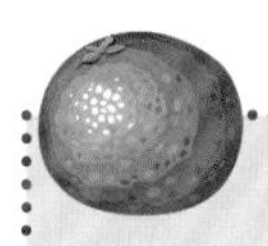

二、顶棚开裂的预防办法

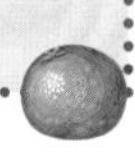

俗话说，找准病因，才能对症下药。前面我们已经将可能造成吊顶开裂的原因向大家介绍了，下面我们就来看看，如何有针对性的采取措施降低吊顶开裂的机率。

1. 施工材料选用需谨慎

（1）吊顶骨架材料选择

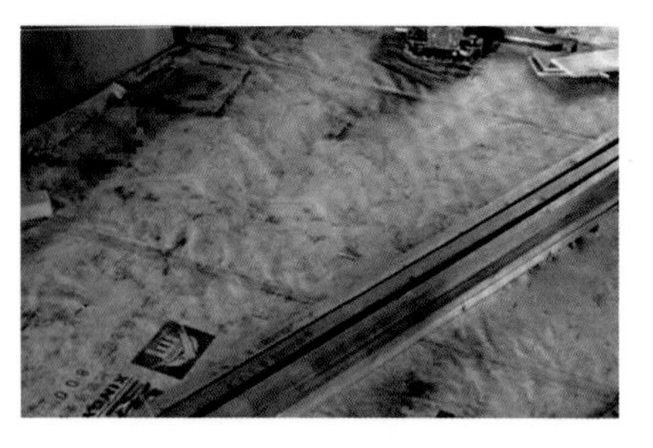

选用轻钢龙骨骨架材料时严格根据设计要求和国家标准，选用木材做龙骨时注意含水率不超标，龙骨的规格型号应严格筛选，不宜过小。

（2）吊顶饰面石膏板选择

目前市面上的石膏板有普通型、防水型、防火型、高强度型等多种形式，在吊顶设计时，可根据不同使用要求、不同地区和施工季节选择。现在装饰市场中的纸面石膏板质量良莠不齐，使用时应选用大厂家生产的质量较好的石膏板，它有强度高、韧性好、发泡均匀、边部成型饱满等优势，从材料上解决裂缝问题。

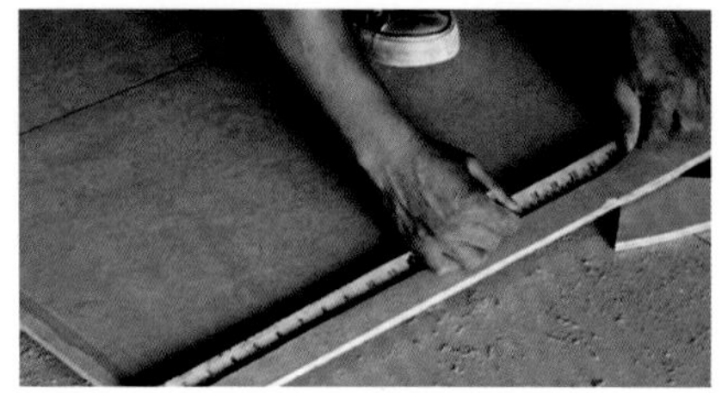

此外市面上纸面石膏板一般有厚 9mm 和厚 12mm 的两个品种。很多人喜欢使用厚 9mm 的普通纸面石膏板来做吊顶，但是由于厚 9mm 的普通纸面石膏板比较薄、强度不高，在多雨的潮湿条件下容易发生变形，建议最好选用厚 12mm 以上的石膏板。同时，使用较厚的板材也是预防接缝开裂的一个有效手段。

2. 安装施工要规范

（1）吊杆安装规范

吊杆的间距应控制在 1.2m 以内，在施工中尽可能做到吊杆之间固定点间距相等，吊杆都应尽可能与重力方向在同一轴线上。在有障碍物体的地方如果吊杆无处固定，必须设计钢结构过桥支架，保证吊杆间距合理分布，同时要求施工中的所有吊顶的框架、龙骨面板均不得与管道设备的法兰、吊筋、支架等相连，须留有空间，以防共振破坏。

（2）龙骨架安装规范

吊顶的主龙骨间距必须控制在 1m 以内，吊杆距主龙骨端部距离不得大于 30cm，当大于 30cm 时，应增加吊杆。副龙骨的水平搭接必须牢固，检查时用手托顶不松动。副龙骨的搭接间隙不得大于 2mm。施工时必须严格按图和规范施工，不得随意加大龙骨、吊筋的间距。安装好的骨架一定要处于无应力状态，无虚吊、虚挂现象，整体龙骨框架规整水平。

（3）石膏板安装规范

石膏板接口处需装横撑龙骨，不允许接口处板悬空。如不能避免横向接缝，应错位设缝，隔墙的板横向接缝位置应错开，不能落在同一根龙骨上。石膏板的强度性能与变形是依方向而定的，板纵向的各项性能要比横向优越，因此吊顶时不允许将石膏

板的纵向与覆面龙骨平行，应与龙骨垂直，这是防止变形和接缝开裂的重要措施。

（4）填缝腻子批刮规范

基层板与基层板之间应留 5 ~ 8mm 缝隙，留出的缝隙及倒斜角位置主要用来填充足够的细缝腻子，使整个基层连成一体。嵌缝要尽量晚一些，尽量让其干透后，再贴贴缝带。由于浆状的填充板缝的腻子干硬时体积会收缩，为避免填充后的腻子干硬收缩而引起拼缝有暗裂，要求填充腻子施工时必须分两次进行。第二次腻子干硬后粘贴网纱或牛皮纸，待网纱或牛皮纸全部粘结干硬后才能批灰覆盖。

3. 成品保护工作做到位

为避免吊顶由于振动而出现裂缝的现象，需保证灯具及风口的开孔位置不在龙骨位置上，减少因灯具开孔需切割龙骨所引起的天花板振动而出现拼板裂缝的现象。此外，灯孔、风口、检修口的开孔工作必须在嵌缝前全部完成，以消除天花因振动而出现裂缝的因素。

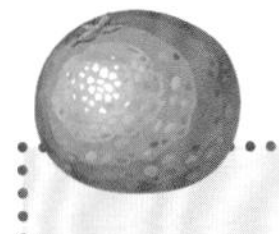

三、顶棚开裂处理方法

前面讲的是吊顶开裂的原因，以及如何在装修前，从各方面降低吊顶开裂的机率。而现实中，很多都是入住后才发现吊顶开裂。那么对于已经开裂的吊顶应该如何处理呢？

1. 漆面表层出现开裂的修复

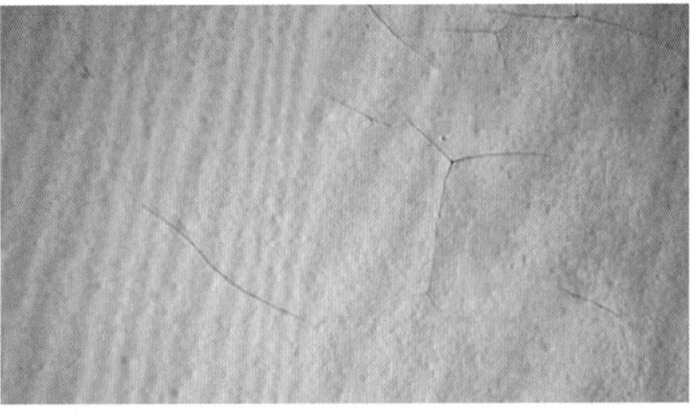

如果仅是吊顶漆膜上生成线状、多角或不定状裂纹，那么问题不是很严重。其产生原因可能是因为一次涂刷过厚或未干重涂，基底过于疏松或粗糙，底漆与面漆不配套等。

修复措施

① 铲除受影响漆膜。

② 确保漆膜一次施工不会太厚。

③ 确保前层漆膜干透后才重涂。

④ 必要时用合适的底漆封固基底。

⑤ 对于粗糙度大的基底，建议使用柔韧性佳的产品。

⑥ 基底温度低于 5℃时，不可施工乳胶漆。

⑦ 底漆与面漆要配套。

2. 温度变化造成的吊顶开裂

如果是因为温度变化而引起的开裂，一般出现在表面，不会影响到吊顶的安全，对表面处理一下即可。

修复措施

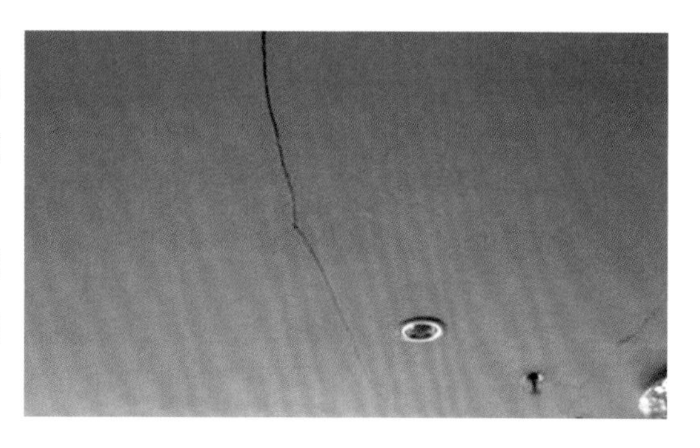

① 缝隙不大：如果表面缝隙不大，那么建议在缝隙上贴一层牛皮纸，然后刷饰面涂料。

② 缝隙较宽：如果表面缝隙较宽，那么最好先割出一块石膏板，打磨成合适的形状，填补在缝隙里，然后再刷饰面涂料。

3. 施工不当等造成的吊顶开裂

修复措施

如果是因为吊顶框架、石膏板饰面等安装施工不当导致的吊顶开裂，那么在修复时，应该从检查龙骨开始，处理好基层质量问题后，才可做饰面工序。但接下来并非是简单地用腻子补缝就能奏效，而应该在原缝的附近龙骨处板面上再开通几条板缝后同时修补，以此方法来消除内应力作用下的变形。

如果问题比较严重，原吊顶板面已经变形、湿胀、破损，应适当扩大拆除面积，平整龙骨后更换新板，视面积大小分块铺装，并按正常施工步骤完成作业面的后序修补工作。

09 暗架顶棚为什么要设检修孔

检修孔又称进入孔。检修孔在顶棚的平面位置要保障检修的方便，力求隐蔽，保持顶棚的完整性。顶棚上一般至少设置两个检修孔。常见的活动板检修孔构造如下图所示。

暗架吊顶要设检修孔，不然一旦吊顶内管线设备出了故障就无法检查确定是什么部位、什么原因，更无法修复。

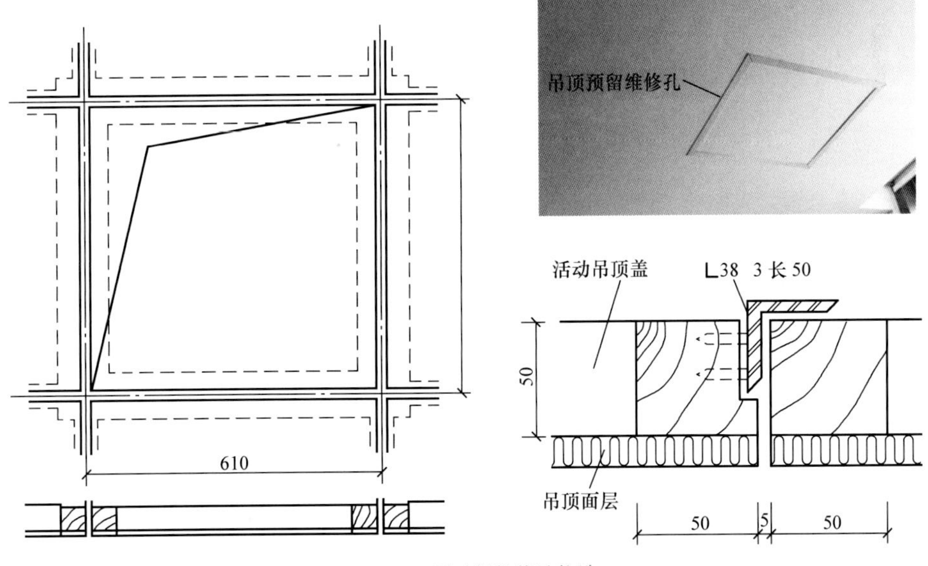

活动板检修孔构造

第 1 步：将表面的粉尘清理干净，在局部刮腻子、磨平，板缝作石膏涨缝处理。

第 2 步：腻子或石膏干了后，贴纸带，然后第一遍刮腻子。这次刮的腻子最厚，也最重要，后两次则主要是为了找平。注意腻子要完全干后再刮下一次，否则日后容易脱落或霉变。

第 3 步：第一遍腻子干后，刮第二遍腻子。

第 4 步：第二遍腻子干后，检查并补腻子，这次很关键，要平整，不要太厚。

第 5 步：第三遍腻子干后，将表面打磨平整，涂底漆。打磨表面的步骤一定不能少，但因为这会制造出很多灰尘，工人一般不愿意干。可以给工人买个口罩，工人的心情是施工质量的决定因素。

第 6 步：底漆一般两小时就能干，而后要刷面漆，面漆要刷两遍或三遍，每遍都要等上一遍干透后才能刷。

以上施工必须在天气晴朗、通风的情况下进行，阴雨天一定不要刷。

表 4-6　腻子的作用

作用	详　解
防潮	墙面腻子是乳胶漆的基层，隔绝墙面与乳胶漆的直接接触，防止墙面受潮而引起乳胶漆脱落
结实	腻子能强力地附着在墙面上，并承载乳胶漆。要判断腻子是否结实，可以看其成分，包括石膏粉、化学胶、干老粉等
找平	用腻子可对墙面进行找平，填充凹陷部分，覆盖凸出部分

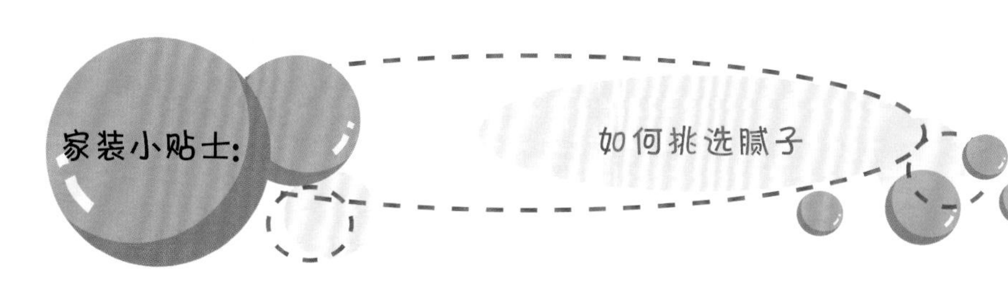

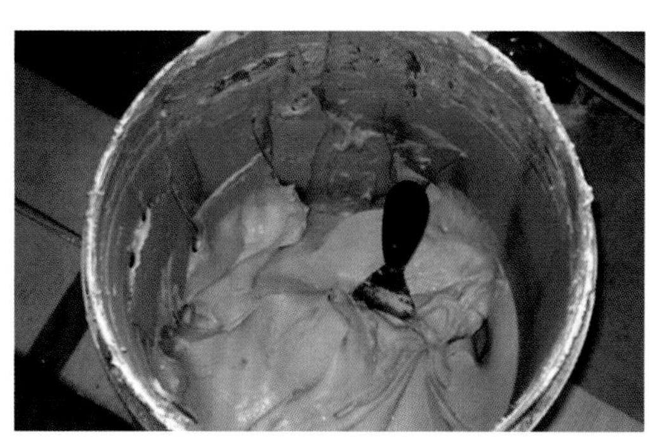

装修业中有一句话:“三分面、七分底”,这里的“底”就是指腻子,可见它的重要性。腻子质量的好坏,用肉眼很难分辨,只有用过之后才知道。用水和好腻子后,黏性大、细腻的为好腻子;反之,发散、有针孔的则质量差。所谓“发散”,就是用灰刀铲一些和好的腻子,将刀反过来,如果很快就掉下来,说明黏性小。腻子干燥后,如果手摸不掉白、指甲不能划花、水刷不掉,说明是好腻子。

10 石膏线怎么选,怎么安装

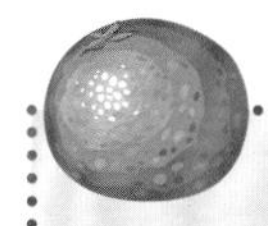

一、石膏线的选择

石膏线是石膏制品的一种,主要包括:角线、平线、弧线等。原料为石膏粉,通过和一定比例的水混合灌入模具并加入纤维增加韧性,可带各种花纹,其主要安装在天花板以及天花板与墙壁的夹角处,其内可经过水管电线等,实用美观,价格低廉,具有防火、防潮、保温、隔音、隔热功能,并能起到豪华的装饰效果。

石膏线的选择可以从以下四个方面来考虑。

1. 看图案花纹深浅

一般石膏浮雕装饰产品图案花纹的凹凸应在10mm以上，且制作精细。这样，在安装完毕后，再经表面刷漆处理，依然能保持立体感，体现装饰效果。如果石膏浮雕装饰产品的图案花纹较浅，只有5 ~ 9mm，效果就会差得多。

2. 看表面光洁度

由于石膏浮雕装饰产品的图案花纹，在安装刷漆时不能再进行磨砂等处理，因此对表面光洁度的要求较高。只有表面细腻、手感光滑的石膏浮雕装饰产品安装刷漆后，才会有好的装饰效果。如果表面粗糙、不光滑，安装刷漆后就会给人一种粗制滥造之感。

3. 看产品厚薄

石膏系气密性胶凝材料，石膏浮雕装饰产品必须具有相应厚度，才能保证其分子间的亲和力达到最佳程度，从而保证一定的使用年限和在使用期内的完整、安全。如果石膏浮雕装饰产品过薄，不仅使用年限短，而且影响安全。

4. 看价格高低

与优质石膏浮雕装饰产品的价格相比，低劣的石膏浮雕产品的价格便宜1/3至1/2。这一低廉价格虽对用户具有吸引力，但往往在安装使用后便明显露出缺陷，造成遗憾。石膏线的材质一般都是选用石膏和纤维或玻璃钢合成的，只是外观有不同。如金色的、蓝色的、浅绿的、咖啡色等，分现代式、欧式等，选购时注意上面的几点就可以了。

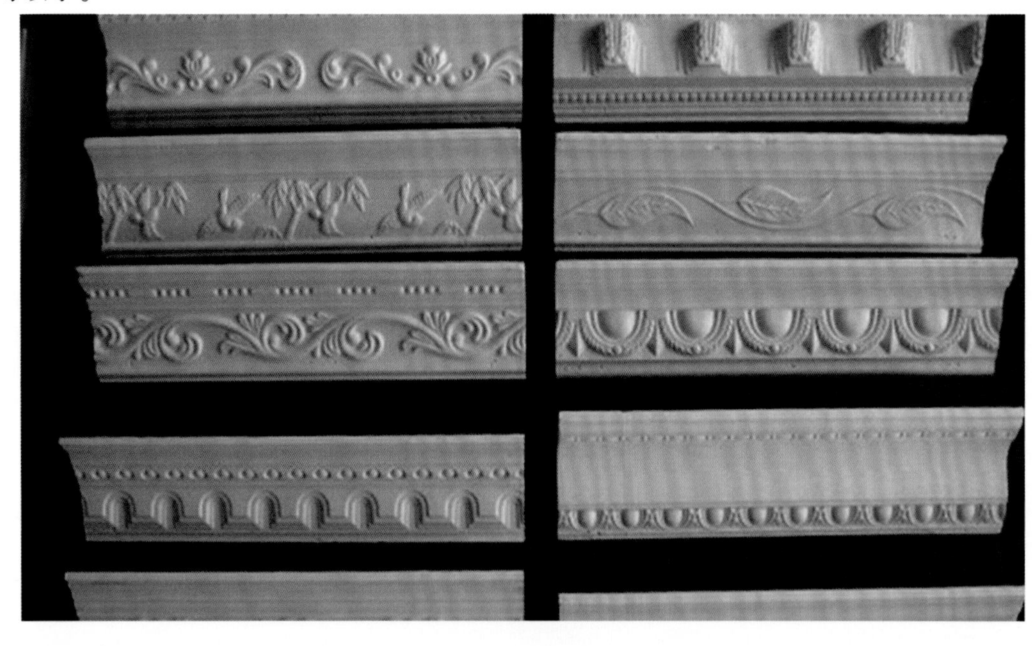

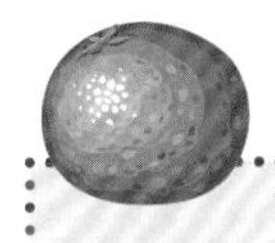

二、石膏线的安装方法

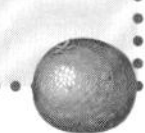

石膏线要在刮腻子之前安装，安装方法有两种。

1. 粘法

如果原墙面有腻子要先铲除，直到露出水泥层（这很重要，否则会导致日后石膏线不断脱落）。然后用胶水调快粘粉，随用随调，避免浪费。可点式涂抹，但两个点之间的间隔不可以太大。石膏线按角度贴上后一定要用力按压，然后把挤出的快粘粉用手指涂到缝隙上，最后用毛刷蘸清水刷石膏线接缝处。

2. 钉法

先在石膏线模具上有线槽的地方钻两个1cm的洞，比如石膏线是2m长，在两头往中间55cm的地方钻洞，然后再放到用铅笔画好洞的要装的位置。拿下来，用1cm电钻钻孔，放入塑料涨塞或是木塞。一个人按住石膏线，一个人用自攻钉固定。

工人装石膏线的费用一般是包工包料8元/m，石膏线直营店一般是包工包料5 ~ 6元/m。

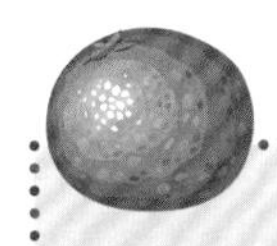

三、石膏线的安装过程

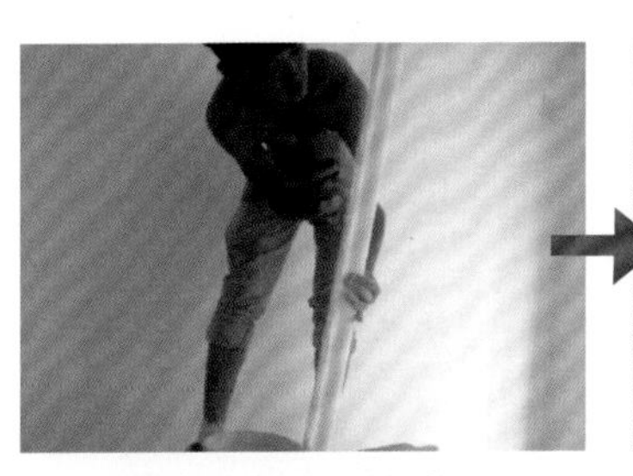

1. 在整条石膏线上抹快粘粉

2. 贴石膏线

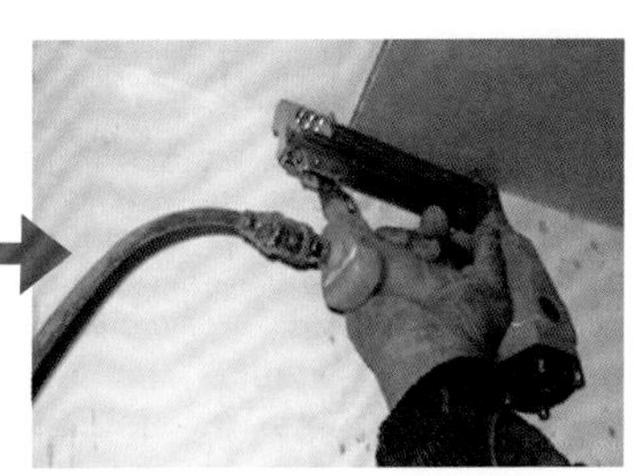

3. 用射钉枪固定

4. 缝隙中补快粘粉，然后将快粘粉刮平

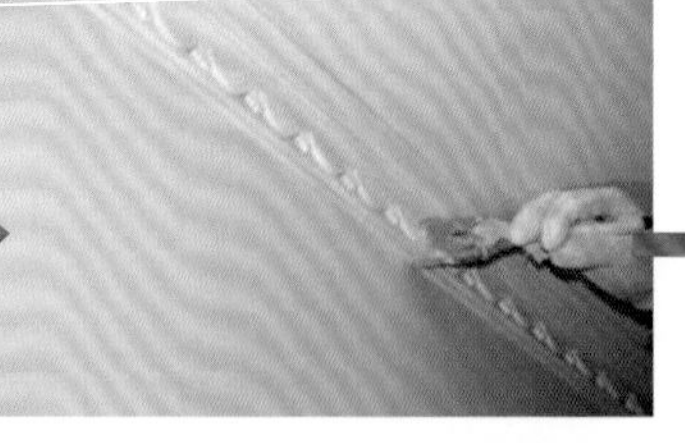
5. 再用刷子沾水刷掉多的快粘粉

6. 这样接缝处就看不出来了

7. 贴第二层石膏线

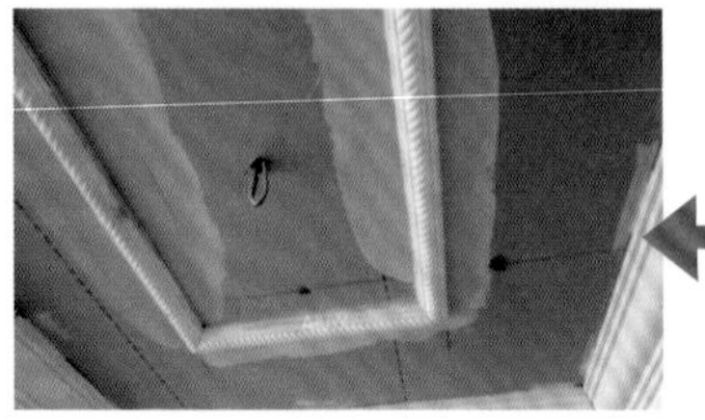
8. 贴好石膏线的天花板

11 天花板用胶水固定，容易起翘

厨卫的天花板有几代产品：最早的是石膏板，第二代是 PVC 塑料板，第三代是金属板（铝扣板）。铝扣板是目前的主流产品。

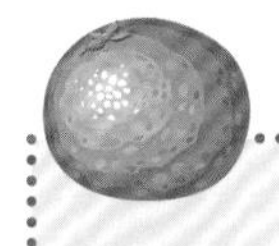

一、买铝扣板的注意事项

1. 档次

铝扣板装上去后一般不会再动，不需要买高档产品。

2. 覆膜

铝扣板的边缘处如果能揭开薄膜，就是用胶水沾上的膜。优质铝扣板上的膜是高温复合上去的，不能揭下来。

3. 厚度

铝扣板的质量与厚度没有多大关系。如果柔韧度好，0.6mm 就够用，0.8mm 厚的一般用在大工程上。

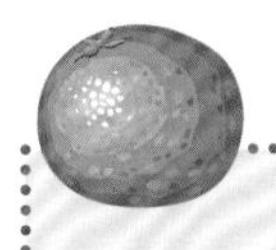

二、先测量，再安装

1. 测量

厨房卫生间铺完墙砖、地砖三天后，就应该让铝扣板的商家上门测量，测量之前最好不要交定金。要事先谈好安装费，并明确每米多少钱。一般情况下，铝扣板的辅料、安装费加起来不应超过铝扣板价格的 30%。

2. 安装

安装时要用到龙骨，龙骨分为轻龙骨、木龙骨。木龙骨受到水汽影响会变形，轻钢龙骨不会变形，所以是首选。安装时，如果工人的技术不好，铝扣板的缝隙大小会不一样，或者有的板子高有的板子低，整体上不平整。最好让厂家的工人来安装，他们会比你自己找的工人的技术更好。

铝扣板的价格在卫生间天花板上所占的比例不是很大，决定价格的不是卫生间的面积，而是选择的模块。卫生间的天花板一般可选装以下几种电器模块：卫生间中央可装照明模块，沐浴区上方可装取暖模块，坐便器上方可装换气模块，洗手盆上方可装射灯模块。

三、安装后的问题

1. 个别铝扣板间有缝隙。这是因为工人疏忽或技术不好，安装不到位。

2. 铝扣板有很多缝隙。这是因为铝扣板与龙骨不配套。正规厂家的配套龙骨会非常紧密、齿距精确。

3. 铝扣板边角起翘。装边角有两种方式：几年前一般是用胶粘，用胶量不够或胶的质量不好都会导致边角起翘。此法后遗症太多，已经很少用了。现在的主流做法是在墙上打孔，再用钉子把边角固定在墙上。好处是不用玻璃胶，固定比较牢，不易脱落。但前提是墙砖没有空鼓，否则会把墙砖打裂。

材料	特　　点
铝扣板	主材是铝，表面为烤漆或金属覆膜。重量轻，防水性能好，不容易变形和变色，安装简单，价格适中。有方形、长方形两种，面积小的厨卫最好用长方形，可以增加房间的开阔感
PVC 板	价格低，施工方便，但容易老化、变色、变形，两三年就面目全非。特别是在厨房有油烟熏、卫生间有浴霸的情况下，老化得更快。现在使用得越来越少

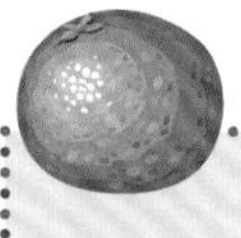

四、厨卫铝扣板吊顶的安装过程

1. 弹线。根据楼层标高水平线，用尺竖向量至顶棚设计标高，在顶板上弹在龙骨位置线，并将顶棚的标高水平线弹在墙面上。

2. 安装主龙骨吊杆。在弹好顶棚的标高水平线及主龙骨位置线后，确定吊杆下头的标高，按主龙骨位置及吊挂间距，将吊杆无螺栓丝的一端用膨胀螺栓固定在楼板下；吊杆用 6mm 钢筋（8mm 扁钢）。

3. 安装主龙骨。配装好吊杆螺母，在主龙骨上预先安装好吊挂件，将组装好吊挂件的主龙骨，按分档线位置将吊挂件穿入相应的吊杆螺栓，拧好螺母，相接主龙骨，安装连接件，拉线调整标高和平直，安装洞口附加主龙骨，设置及连接卡固。

4. 安装次龙骨。按已弹好的次龙骨分档线，卡放在次龙骨三角吊挂件，采用木龙骨，布置次龙骨的间距为 600mm；按设计规定的主龙骨间距，将次龙骨通过三角挂件，吊挂在主龙骨上；当次龙骨长度需多根延续接长时，用次龙骨连接件，在吊挂次龙骨的同时相接，调直固定。

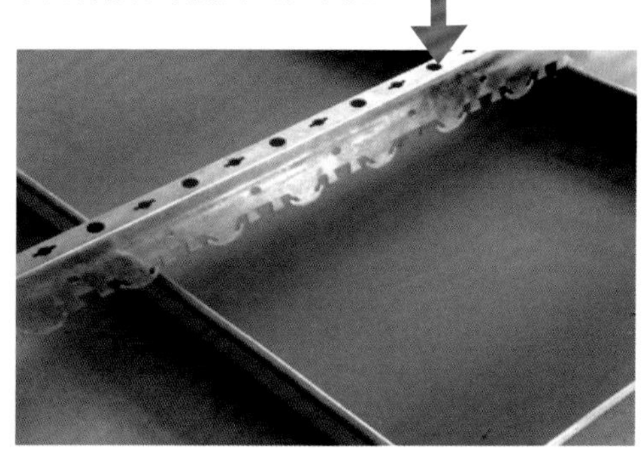

5. 安装边铝条。边铝条的规格为：25mm×25mm，安装吊顶的标高要求在墙四周用水泥钉固定边铝条。

6. 安装铝扣板。安装天花铝扣板时，顺着翻边部位顺序轻压，将方板两边完全卡进次龙骨后，再推紧，严禁野蛮装卸；并将边铝条卡边调直，卡固边铝板。根据设计要求本工程吊顶采用 600mm×600mm 冲孔铝扣板。

7. 安装灯具及通风口。根据吊顶平面布置图，布置灯具及通风口；安装铝扣板的同时，根据灯具及通风口的大小开出孔洞，安装灯具及通风口。

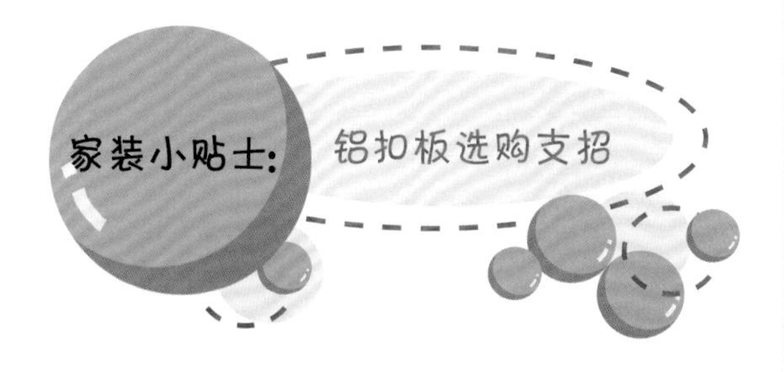

选购时可看产品的规格说明、长度、厚度等信息或通过肉眼和手感判断铝扣板的厚度；此外，除了看板面是否光滑外，还要看铝扣板的弹性和韧性，可通过选取一块样板，用手把它折弯。质地好的铝材被折弯之后，会在一定程度上反弹。

顶棚装饰常用施工工具包括：测量工具、电动工具和手动工具等。

一、测量工具

1. 激光投线仪

激光投线仪是装饰装修工程现场测量、放线和检查的现代化工具。

2. 卷尺

卷尺是用来测量距离、放线、划线的尺规工具。

3. 皮尺

皮尺是用来测量较长距离的尺规工具。

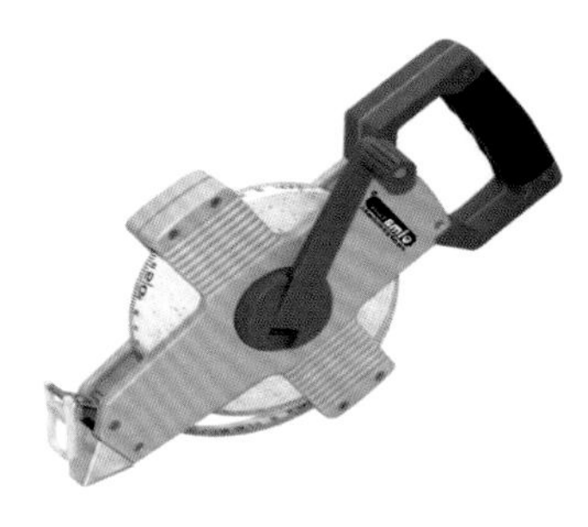

4. 水平尺

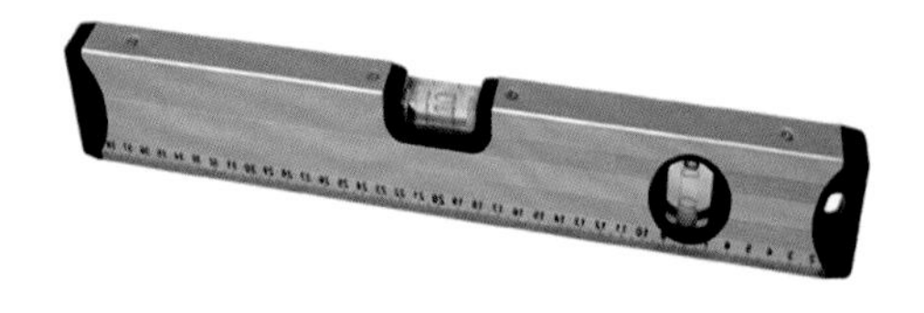

水平尺是用来画水平线和垂直线的尺规工具，同时可以检查装饰平面的垂直度和水平度。

5. 楔形塞尺

楔形塞尺是一种施工现场测量工具。一般为金属制成，尺身为楔形，斜的一面上面有刻度。使用时，一般与靠尺配合，将靠尺放于检查平面上，然后将楔形塞尺塞入尺下缝隙，观察刻度上的读数，检测平整度、水平度、缝隙度等，还可以直接检查门窗缝。

二、切割工具

1. 手锯

手锯是施工现场中木工常用的手工锯削工具，主要用于锯割石膏板、纤维板、木质板等。

2. 电圆锯

电圆锯是一种手提式电动锯割机具，用于对木材、纤维板、塑料和软电缆以及类似材料的锯割作业。

3. 砂轮切割机

砂轮切割机又叫砂轮锯、无齿锯，适用于对金属方扁管、方扁钢、工字钢、槽型钢、碳圆钢、圆管等材料进行切割。

4. 曲线锯

曲线锯是一种在板材上可进行曲线锯切的手提式电动往复锯，主要用于切割金属、木质、塑料、有机玻璃等不规则曲线板材。

三、手动工具

1. 钉锤

用于敲击作业，例如，敲击木楔入墙，敲击固定铁钉等。

2. 钢丝钳

用于钳夹和紧固作业，例如，钳夹龙骨吊挂，拧紧轻钢龙骨构件等。

3. 扳手

扳手包括活动扳手和呆扳手两种，用于螺栓和螺母的紧固。

4. 螺丝刀

顶棚施工用的螺丝刀主要是十字形，用于紧固和拆卸自攻螺钉。

第五章

设计师为您图解优秀顶棚设计案例

01 “素颜”顶棚省钱又出彩

很多喜欢极简家居风格的业主在客厅顶棚装修设计时都不打算进行复杂的顶棚造型设计，只是想用简单的欧式石膏线条对客厅顶部简单装饰一下，对于客厅吊不吊顶拿不定主意的业主们不妨仔细欣赏下面几款无吊顶造型的客厅效果图。

右图这款无吊顶的客厅顶面装修很细致，没有一点嘈杂的感觉，这种细致的做工和乳白色的石膏线，给这个客厅带来了不一样的感觉。这个小型的客厅采用这样的装饰会拥有事半功倍的效果，花色的背景墙也带来了新鲜感，不规则的茶几给这个客厅带来了艺术气息。

左图这款无吊顶客厅顶面被刷成了全白，然后沿着周边的墙角进行了边缘处理，使得这个原本就低矮的居室瞬间高挑了起来。

右图极具现代简约风格的客厅，配上这款无吊顶的装修，让整个空间的视野扩大了不少，如果你喜欢利索，如果你工作繁忙，这样简单的装饰是再合适不过的了。

这款客厅装修效果图中，也是采用了无吊顶的装饰，沙发选择红绿色调，与柔和的黄色灯光相互照应，把整个客厅的温暖气息点亮了。

02 客厅顶棚设计案例

中式顶棚设计时，一般结合传统文化的理念。较好的造型是四边厚而中间薄的布置。这样的设计可以缓解吊顶形成的压抑感，视觉效果较为舒服。顶棚中间的凹位还象征聚水的天池，对住宅会大有裨益。若在这“聚水的天池”中央悬挂一盏金碧辉煌的水晶灯，则会有画龙点睛之妙。

如果原户型采光不足，那么装修时一定要用灯光来弥补，最好在吊顶的四边木槽中暗藏日光灯来加以弥补。光线从天花板折射出来，不刺眼，而日光灯所发出的光线最接近太阳光，对于采光不足的客厅而言最为适合。

下图中客厅的吊顶也采用中式特色的灯笼样式，象征着团团圆圆。

由餐厅——客厅——露台延伸至窗外的树海所构成的生活轴线，展现出大宅的朗阔气度。整个顶棚以白色为基调，在现代简约设计中，体现出空间的品位质感。

欧式居室有的不只是豪华大气，更多的是惬意和浪漫，通过完美的曲线，精益求精地细节处理，带给家人不尽的舒适触感。而这个欧式客厅顶棚更具层次感，让这种浪漫感觉增添了不少。

不同的家装风格演绎出各种各样的家园风情，蕴含着千姿百态的生活乐趣。欧式风格从华丽的装饰、浓烈的色彩、精美的造型来达到雍容华贵的装饰效果。而欧式客厅顶棚的装修，就更凸显了欧式的典雅与华丽。

这个作品运用简单欧式设计手法，把欧式与现代很好的诠释达到视觉效果。顶棚采用欧式风格，简单的线条更是将客厅呈现出一种简约的感觉，同时也衬托出客厅的典雅气息。

一条弯月般纹路的灯饰，与客厅周围的星星般发光的小灯饰组合恍若黑夜的天空一般，意境深远。

顶棚空间的大风扇装饰是东南亚风情的经典。虽然夸张，但同时它也是灯饰，配合木质包边设计，与电视背景墙形成明确的视觉呼应，更能突出东南亚装饰特色。东南亚风情的家不需要正襟危坐的正式，随意舒适才是王道。

完全以松木作为天花板吊顶，这种装修多用于美式风格的跃层或者别墅当中，原木色的装修，让客厅显得十分乡村味。此外，这种特别的设计，让置身于其中的人不感觉压抑。

松木板作为吊顶，加上斜向上的屋顶，这样的造型与装修凸显出美式风格的与众不同。

充满新古典味道的独栋别墅装修，吊顶以回字形的设计来打造出层次感。在吊顶中嵌入营造气氛的灯具，让整个空间不仅亮起来，眨眼看来更加有意境。

在吊顶上采用石膏线的设计方式，将照明区着重规划出来。通过不规则的吊顶装饰物，让整个客厅在欧式的设计风格中呈现出一种休闲的感觉。

03 卧室顶棚设计案例

阁楼的吊顶设计很简单，配合了居室的整体风格。而白色的风格，配上阁楼卧室法式风情的家具，丝毫不显得违和。同时还呈现出一种温暖的情调。

美式的家居设计在于自在、随意的不羁，没有太多造作的修饰与约束，不经意中也成就了另外一种休闲式的浪漫。金黄色的灯光设计，精美的墙面雕刻，散发着璀璨的光芒的灯具。每个细节都流露出美式风格的精致美感。

由于主人喜欢色彩丰富、线条单纯的空间效果，于是在线条及家具设计时，以白色线条为主，再加上壁纸鲜明的色彩，引申出美式乡村风格。本案例整体上充满着闲适清雅、淡然愉悦的自在感。

简约的吊顶设计，配上整个卧室的设计风格，这就让卧室呈现出一种安静唯美的感觉。

采用格子木栅的方式来隐藏空间原有的抽风系统，设计干练而和谐。

吊顶设计经典简单，采用隐藏式灯槽，使之透出淡淡而不夺目的白光，用于卧室照明再合适不过了。

天花板两侧利用格子灯槽从上而下透出柔和的光线，营造室内入眠的好氛围。

混搭浓郁的中国风情，祥云格子图案的吊顶让人一下子倍感和谐。

顶棚设计十分简单，利用窗台上方空间打造不对称灯源设计，可为卧室照明，反之窗台的黑暗则给了人们一丝私人空间。

04 厨房顶棚设计案例

在厨房的顶棚设计上，这个设计是很特别的。将顶棚设计成天窗的效果，使得整个厨房呈现出不一样的感觉。

整个厨房的设计注重空间的宽敞性，随意混搭中寻找精致美感。在吊顶上采用有层次的照明设计，让厨房呈现出一种典雅的空间感。

白色的橱柜，浅色的实木餐桌，这款厨房更多的是体现现代的简约设计，一切以简单为主，不复杂却拥有便利的实用性。吊顶设计是这个厨房设计的亮点，采用长方体的吊灯，个性感十足。

明亮大方的整体厨房，透露着地中海风格的实用与浪漫。白色天花板吊顶，搭配蓝色瓷砖拼花地面，带来一股明媚田园气息。墨蓝色瓷砖拼花设计的墙面，搭配白色的橱柜门板，蓝白色的结合，仿佛将人带入大海的世界，白色透露着安静意味。两种颜色将厨房映衬得明媚动人中透出一抹宁静安详的味道，让人不自觉热爱。

05 书房顶棚设计案例

这是个将走廊打造成为书房的设计，在整个吊顶的设计上，通过石膏线的层次，使吊顶的装饰物给人一种优雅的感觉。

没有太多造作的修饰与约束，不经意中成就了另外一种休闲式的浪漫，在自在、随意中感受大自然的舒适，这样的吊顶与书房的搭配更显舒适、高贵。

大窗户的书房让整个空间明亮起来，也延伸了视觉，让视野更开阔。吊顶与整个风格的搭配很得体，时尚又不失身份。

美式乡村风格有着简化的线条、粗犷的体积、自然的材质，较为含蓄保守的色彩及造型。靓丽的吊顶与天花板的结合，更显时尚气息。

全实木打造的美式书房，展现着主人低调的人生态度，但还是挡不住它华丽的品质。吊顶采用最典型的美式风格。

简简单单的吊顶，采用纯白色，对于书房的光线的要求来说，白色有散光的效果，加强了光线的强度。这个吊顶有外罩，特别有诗意。中式设计中又增添了现代感，抛弃了传统的书柜，采用了隔板设计，却别有风情。

雕花是中国传统文化中运用非常广的一项装饰手段。采用雕花图案的书房吊顶配合桌椅以及书架，四处都透露着中式装修的特色。书房背景墙上的笔墨山水画，更是中式风格的点睛之笔。

这里吊顶相对朴素，只有点点碎花和黄色的灯光透出中式传统低调风格。下面的坐墩以颜色来衬托吊顶，更具特色的是坐墩的对称。对称美，是我国传统美学的基础，也是进行书房椅子设计时的重要元素。